上海市工程建设规范

居住建筑节能设计标准

Design standard for energy efficiency of residential buildings

DG/TJ 08—205—2024
J 10044—2024

主编单位：上海建科集团股份有限公司
　　　　　上海市建筑建材业市场管理总站
批准部门：上海市住房和城乡建设管理委员会
施行日期：2024 年 7 月 1 日

同济大学出版社

2024　上海

图书在版编目(CIP)数据

居住建筑节能设计标准 / 上海建科集团股份有限公司,上海市建筑建材业市场管理总站主编. -- 上海:同济大学出版社,2024.9

ISBN 978-7-5765-1183-3

Ⅰ.①居… Ⅱ.①上… ②上… Ⅲ.①居住建筑－节能－建筑设计－地方标准－上海 Ⅳ.①TU241-65

中国国家版本馆 CIP 数据核字(2024)第 108260 号

居住建筑节能设计标准

上海建科集团股份有限公司
上海市建筑建材业市场管理总站　主编

责任编辑　朱　勇
责任校对　徐春莲
封面设计　陈益平

出版发行　同济大学出版社　　www.tongjipress.com.cn
　　　　　(地址:上海市四平路 1239 号　邮编:200092　电话:021-65985622)
经　　销　全国各地新华书店
印　　刷　浦江求真印务有限公司
开　　本　889mm×1194mm　1/32
印　　张　3.25
字　　数　81 000
版　　次　2024 年 9 月第 1 版
印　　次　2024 年 9 月第 1 次印刷
书　　号　ISBN 978-7-5765-1183-3
定　　价　40.00 元

上海市住房和城乡建设管理委员会文件

沪建标定〔2024〕94 号

上海市住房和城乡建设管理委员会关于批准《居住建筑节能设计标准》为上海市工程建设规范的通知

各有关单位：

由上海建科集团股份有限公司、上海市建筑建材业市场管理总站主编的《居住建筑节能设计标准》，经我委审核，现批准为上海市工程建设规范，统一编号为 DG/TJ 08—205—2024，自 2024 年 7 月 1 日起实施。原《居住建筑节能设计标准》(DGJ 08—205—2015)同时废止。

本标准由上海市住房和城乡建设管理委员会负责管理，上海建科集团股份有限公司负责解释。

上海市住房和城乡建设管理委员会

2024 年 2 月 23 日

前　言

　　根据上海市住房和城乡建设管理委员会《关于印发〈2020 年上海市工程建设规范、建筑标准设计编制计划〉的通知》(沪建标定〔2019〕752 号)的要求,上海建科集团股份有限公司、上海市建筑建材业市场管理总站会同相关单位,经深入调查研究,认真总结实践经验,在参考相关国家和行业标准的基础上,结合我国与本市碳达峰碳中和战略目标与工作部署,并广泛征求意见,对《居住建筑节能设计标准》DGJ 08—205—2015 进行了修订。

　　本次修订主要引入建筑节能限额设计理念,提出上海市居住建筑节能与碳排放限额设计指标,同时对建筑围护结构各部分的热工性能、建筑供暖空调与通风用能设备的性能参数、电气照明和给水专业的节能设计及性能参数等进行了补充、调整与提升,对附录中的相关内容进行了优化。

　　修订后的标准共 7 章,主要内容包括:总则;术语;基本规定;建筑和围护结构热工节能设计;供暖、空调和通风节能设计;建筑电气节能设计;建筑给水节能设计;附录 A～F。

　　各单位及相关人员在执行本标准过程中,如有意见和建议,请反馈至上海市住房和城乡建设管理委员会(地址:上海市大沽路 100 号;邮编:200003;E-mail:shjsbzgl@163.com),上海建科集团股份有限公司(地址:上海市宛平南路 75 号;邮编:200032;E-mail:fanhongwu@sribs.com),上海市建筑建材业市场管理总站(地址:上海市小木桥路 683 号;邮编:200032;E-mail:shgcbz@163.com),以供今后修订时参考。

主 编 单 位:上海建科集团股份有限公司

　　　　　　上海市建筑建材业市场管理总站

参 编 单 位:华东建筑集团股份有限公司

　　　　　　同济大学建筑设计研究院(集团)有限公司

　　　　　　北京构力科技有限公司

　　　　　　上海市房地产科学研究院

参 加 单 位:上海立胜工程检测技术有限公司

主要起草人:范宏武　徐　强　钱智勇　车学娅　寿炜炜

　　　　　　陈众励　徐　凤　寇玉德　张永炜　岳志铁

　　　　　　瞿　燕　聂　悦　张文宇　李海峰　王玉兰

　　　　　　朱峰磊　古小英　王慧丽　董翠丽　陈胜霞

主要审查人:姜秀清　沈文渊　马伟骏　朱伟民　杜文忠

　　　　　　楼志雄　张锦冈　张继红　林丽智

上海市建筑建材业市场管理总站

目　次

Contents

1 总　则

1.0.1　为贯彻国家节约能源、保护环境、应对气候变化的法律、法规和政策，在确保居住建筑室内舒适热环境的前提下，提高建筑能源利用效率，合理利用可再生能源，科学控制居住建筑用能强度，制定本标准。

1.0.2　本标准适用于本市新建、改建和扩建住宅和宿舍类建筑的节能设计。

1.0.3　居住建筑的节能设计，除应符合本标准外，尚应符合国家、行业和本市现行有关标准的规定。

2 术 语

2.0.1 居住建筑 residential buildings

以居住为目的的民用建筑。本标准所指居住建筑为住宅建筑和宿舍建筑。

2.0.2 体形系数 shape coefficient

建筑物与室外空气直接接触的外表面总面积与其所包围的建筑物体积之比。

2.0.3 建筑能耗限额指标 maximum allowance of energy consumption of HVAC for buildings

按照室内热环境设计标准和设定的计算条件，计算出的建筑单位面积年供暖供冷所允许的能源消耗量的上限值，单位为 $kWh/(m^2 \cdot a)$。

2.0.4 建筑碳排放限额指标 maximum allowance of carbon dioxide emission of HVAC for buildings

根据建筑能耗限额指标计算出的二氧化碳排放量的上限值，单位为 $kgCO_2/(m^2 \cdot a)$。

2.0.5 建筑年供暖耗电量指标 annual electricity consumption for heating

在设定的计算条件下，为满足冬季室内环境参数要求，计算出的单位建筑面积年供暖设备提供热量所需消耗的电能，单位为 $kWh/(m^2 \cdot a)$。

2.0.6 建筑年供冷耗电量指标 annual electricity consumption for cooling

在设定的计算条件下，为满足夏季室内环境参数要求，计算出的单位建筑面积年空调设备提供冷量所需消耗的电能，单位为

kWh/(m² · a)。

2.0.7 典型气象年(TMY) typical meteorological year

以近 10 年的月平均值为依据,从近 10 年的资料中选取一年各月接近 10 年的平均值作为典型气象年。由于选取的月平均值在不同的年份,资料不连续,还需要进行月间平滑处理。

2.0.8 窗墙面积比 windows to wall ratio

窗户洞口面积与房间立面面积,即建筑层高与开间定位线围成的面积之比。

2.0.9 主断面传热系数(K_p) heat transfer coefficient of main cross section

非透光围护结构各部位不包括结构梁柱和出挑构件等热桥的典型保温构造的传热系数,单位为 W/(m² · K)。

2.0.10 平均传热系数(K_m) mean heat transfer coefficient

考虑热桥影响后得到的整体围护结构传热系数,包括主断面传热系数和热桥部分形成的附加传热系数,单位为 W/(m² · K)。

2.0.11 太阳得热系数($SHGC$) solar heat gain coefficient

通过透光围护结构的太阳辐射室内得热量与投射到透光围护结构外表面上的太阳辐射量的比值。太阳辐射室内得热量包括太阳辐射通过辐射透射的得热量和太阳辐射被构件吸收再传入室内的得热量两部分。

2.0.12 玻璃遮阳系数(SC) shading coefficient of glass

透过玻璃的太阳辐射室内得热量与透过 3 mm 厚标准透明玻璃的太阳辐射室内得热量的比值。

2.0.13 外遮阳系数(SD) exterior shading coefficient

外窗外部(包括建筑物和外遮阳装置)的遮阳效果计算指数。

2.0.14 太阳辐射吸收系数(ρ) absorptive coefficient of solar radiation

材料表面吸收的太阳辐射热(通量)与入射到该表面的太阳辐射热之比。

2.0.15 中置遮阳 middle shading device

安装在两层玻璃内或透光围护结构内的遮阳装置。

2.0.16 供冷季节能源消耗效率（*SEER*） seasonal energy efficiency ratio

空调器在供冷季进行制冷运行时从室内除去的热量总和与消耗电量总和之比。

2.0.17 供暖季节能源消耗效率（*HSPF*） heating seasonal performance factor

空调器在供暖季进行制热运行时送入室内的热量总和与消耗电量总和之比。

2.0.18 全年能源消耗效率（*APF*） annual performance factor

同一台空调器在供冷季从室内空气中除去的热量与供暖季送入室内的热量的总和与同期间内消耗电量总和之比。

2.0.19 供冷季节耗电量（*CSTE*） cooling seasonal total electricity consumption

空调器在供冷季进行供冷运行时所消耗的电量总和，单位为 kWh。

2.0.20 供暖季节耗电量（*HSTE*） heating seasonal total electricity consumption

空调器在供暖季进行供热运行时所消耗的电量总和，单位为 kWh。

3 基本规定

3.0.1 居住建筑设计必须采取有效节能措施，在确保室内热舒适环境条件下，降低建筑全年供暖与供冷能耗和碳排放强度。

3.0.2 建筑冬季供暖室内热环境计算参数应符合下列规定：

　　1 卧室、起居室等主要居室室内设计温度应取 18℃。

　　2 换气次数应取 1.0 次/h。

3.0.3 建筑夏季供冷室内热环境计算参数应符合下列规定：

　　1 卧室、起居室等主要居室室内设计温度应取 26℃。

　　2 换气次数应取 1.0 次/h。

3.0.4 建筑年供暖供冷耗电量指标和碳排放量指标计算应采用专用模拟计算软件，计算参数应符合本标准附录 A 的各项规定，建筑年供暖供冷耗电量指标计算结果不得超过能耗限额指标 20.5 kWh/(m² · a)，建筑年供暖供冷碳排放量指标不应超过碳排放限额指标 8.6 kgCO₂/(m² · a)。

3.0.5 建筑应采用太阳能、地热能等可再生能源，降低建筑碳排放。当具有余热废热利用条件且技术经济合理时，可采用热、电、冷联产技术。

4 建筑和围护结构热工节能设计

4.1 建筑设计

4.1.1 建筑群的总体布局、单体建筑的平面布置、立面设计和门窗设置应有利于自然通风。居室外窗通风开口面积不应小于房间地面面积的 5%。

4.1.2 建筑朝向宜采用南向或南偏西 30°至南偏东 30°。

4.1.3 建筑物的体形系数应符合表 4.1.3 的规定。当不能满足本条规定时,必须按照本标准第 4.4 节和附录 A 的规定进行建筑年供暖供冷耗电量指标计算,计算结果应符合本标准第 3.0.4 条的规定。

表 4.1.3 居住建筑的体形系数限值

建筑层数及高度	≤3 层,且建筑高度≤10 m	≥4 层,或建筑高度>10 m
体形系数	≤0.60	≤0.40

4.1.4 建筑物的窗墙面积比应符合表 4.1.4 的规定。当不能满足本条规定时,必须按照本标准第 4.4 节和附录 A 的规定进行建筑年供暖供冷耗电量指标计算,计算结果应符合本标准第 3.0.4 条的规定。

表 4.1.4 建筑物的窗墙面积比限值

朝向	窗墙面积比
北	≤0.35
东、西	≤0.25
南	≤0.50
每套住宅允许一个房间在一个朝向	≤0.60

注:表中"北"应为从北偏东小于 30°至北偏西小于 30°的范围;"东、西"应为从东或西偏北小于等于 60°至偏南小于 60°的范围;"南"应为从南偏东小于等于 30°至偏西小于等于 30°的范围。

4.1.5 空调室外机平台设置应符合现行上海市工程建设规范《住宅设计标准》DGJ 08—20 的相关规定。

4.1.6 设置电梯的居住建筑应选用节能型电梯,电梯的能量性能应达到现行国家标准《电梯、自动扶梯和自动人行道的能量性能 第 2 部分:电梯的能量计算与分级》GB/T 30559.2 规定的 A、B 级。

4.1.7 按规定设置太阳能热水系统或其他可再生能源的居住建筑,其可再生能源利用量应符合现行上海市工程建设规范《民用建筑可再生能源综合利用核算标准》DG/TJ 08—2329 的规定。可再生能源利用设施的设计、施工和验收应与建筑工程同步进行。

4.2 围护结构热工性能限值

4.2.1 建筑非透光围护结构各部位的传热系数应符合表 4.2.1 的规定。

表 4.2.1 建筑非透光围护结构各部分的传热系数限值

建筑非透光围护结构部位		传热系数 $K_m[W/(m^2 \cdot K)]$	
		热惰性指标 $D \leqslant 2.5$	热惰性指标 $D > 2.5$
≥4层建筑	屋面	$\leqslant 0.30$	
	外墙(主断面)	$\leqslant 0.40$	$\leqslant 0.60$
	底面接触室外空气的架空或外挑楼板	$\leqslant 0.60$	
	分户墙,分户楼板	$\leqslant 1.50$	
	户门	$\leqslant 2.00$	
≤3层建筑	屋面	$\leqslant 0.20$	
	外墙(主断面)	$\leqslant 0.30$	$\leqslant 0.50$
	底面接触室外空气的架空或外挑楼板	$\leqslant 0.50$	
	分户墙,分户楼板	$\leqslant 1.50$	
	户门	$\leqslant 2.00$	

4.2.2 外窗(包括阳台门透明部分)传热系数应符合表4.2.2-1的规定,外窗太阳得热系数应符合表4.2.2-2的规定。当不能满足本条规定时,必须按照本标准第4.4节和附录A的规定进行建筑年供暖供冷耗电量指标计算,计算结果应符合本标准第3.0.4条的规定。

表4.2.2-1 外窗传热系数限值

窗墙面积比	传热系数 $K[W/(m^2 \cdot K)]$
窗墙面积比≤0.60	≤1.60
窗墙面积比>0.60	≤1.50

注:非套内空间外窗和阳台门透明部分传热系数不应大于1.80 W/(m² · K)。

表4.2.2-2 外窗太阳得热系数限值

窗墙面积比	外窗夏季太阳得热系数 SHGC	
	东、西向	南向
窗墙面积比≤0.25	—	—
0.25<窗墙面积比≤0.50	≤0.35	≤0.35
0.50<窗墙面积比≤0.60	≤0.25	≤0.30
窗墙面积比>0.60	≤0.20	≤0.25

4.2.3 外窗传热系数计算应符合本标准附录B的规定,外窗太阳得热系数计算应符合本标准附录C的规定。

4.2.4 外窗遮阳设施的设置应符合下列规定:

1 东西外窗应设置外遮阳,宜设置可遮住窗户正面的活动外遮阳。

2 南向的外窗宜设置水平遮阳或可遮住窗户正面的活动外遮阳。

3 外窗设置完全遮住正面的活动外遮阳,或采用设有可调中置遮阳的外窗时,其太阳得热系数可视为满足本标准表4.2.2-2的要求。

4.2.5 居住建筑设置天窗(包括屋顶透明部分)时,其传热系数不应大于1.60 W/(m² · K),太阳得热系数不应大于0.20,面积不应大于屋顶面积的 4%。

4.2.6 建筑外窗及阳台门的气密性不应低于现行国家标准《建筑幕墙、门窗通用技术条件》GB/T 31433 中规定的 6 级。

4.2.7 居住建筑不宜设置凸窗,当设置凸窗时应符合下列规定:

    1 凸窗传热系数不应大于 1.40 W/(m² · K)。

    2 计算窗墙面积比时,凸窗的面积应按洞口面积计。

    3 凸窗的顶板、底板及侧向非透光部分的传热系数不应大于透光部分的传热系数,且应进行内表面结露验算。

4.2.8 居住建筑的封闭式阳台或开敞式阳台,其室内与阳台之间的墙体和门窗,应符合建筑外墙和外窗的传热系数限值规定。当封闭式阳台与室内之间未设置门窗时,应符合下列规定:

    1 阳台的栏板和外窗应符合建筑外墙和外窗的传热系数限值规定。

    2 封闭阳台的外窗面积应计入窗墙面积比。

    3 阳台底板应符合分户楼板的传热系数限值规定。

    4 下部无室内空间的外挑阳台底板应符合底面接触室外空气的外挑楼板传热系数限值规定。

    5 顶层阳台的顶板应符合屋面的传热系数限值规定。

4.2.9 围护结构的外表面宜采用浅色饰面材料或反射隔热涂料,当采用反射隔热涂料时,其热工性能计算应符合相关技术规程的规定。

4.2.10 平屋面宜采用绿化等隔热措施,屋面的传热系数应根据绿化屋面各构造层材料的性能参数取值计算,并应符合屋面传热系数限值规定。

4.3 围护结构保温措施

4.3.1 东、西向窗墙比大于 0.50 时,应符合下列规定:

    1 外窗应设置遮阳设施。

2 外窗和凸窗的传热系数不应大于 1.40 W/(m² · K)。

4.3.2 绿化屋面应采用正置式保温构造,常用的屋面保温材料性能参数及修正系数应按本标准附录 F 选用。

4.3.3 围护结构外墙部位可采用外墙外保温、内保温、预制夹心保温、墙体自保温等多种系统,外墙外保温系统应采取有效措施避免开裂坠落,常用外墙保温材料性能参数应按本标准附录 F 选用。

4.3.4 围护结构采用外墙内保温系统时,应符合下列规定:

1 保温层设置范围可为套内空间的外墙和与公共部位隔墙的内表面。

2 公共部位隔墙的保温层应设在户内侧墙面,并应满足分户墙的传热系数限值。

4.3.5 建筑采用外墙内保温系统时,厨房外墙应采用燃烧性能等级为 A 级的保温材料,卫生间的外墙应采用防水防潮的内保温系统。当厨房、卫生间外墙的内保温系统不满足外墙规定限值时,厨房、卫生间与相邻居室的隔墙传热系数应符合本标准表 4.2.1 中分户墙的传热系数限值要求。

4.3.6 建筑采用外墙内保温系统时,其热桥部位应进行保温处理,内表面不应结露。

4.4 建筑年供暖供冷耗电量指标和碳排放量指标计算

4.4.1 当设计的居住建筑不满足本标准第 4.1.3、4.1.4 和 4.2.2 条的规定时,应在围护结构的其他部位采取措施弥补其热工性能的局部缺失,并应对采取措施后的居住建筑按照本标准第 3.0.4 条和第 4.4.2 条的规定进行建筑年供暖供冷耗电量指标和碳排放量指标计算,计算结果应符合本标准第 3.0.4 条的规定。

4.4.2 建筑围护结构的热工性能应满足下列规定,方可进行建筑年供暖供冷耗电量指标和碳排放量指标计算:

1 建筑非透光围护结构各部位的传热系数应符合本标准第 4.2.1 条的规定。

2 外窗传热系数不应大于 1.60 W/(m² · K),凸窗传热系数不应大于 1.40 W/(m² · K)。

3 建筑外窗应采取遮阳措施,采取遮阳措施后的外窗综合太阳得热系数不应大于 0.35。

5 供暖、空调和通风节能设计

5.1 供暖、空调和通风设计

5.1.1 集中供暖和空调系统施工图设计阶段应对每一个房间（或空调区）进行冬季热负荷和夏季逐时冷负荷计算，并作为系统选型依据。

5.1.2 选择建筑供暖、空调方式及设备时，应根据项目所在区域的能源条件、建筑使用模式、设备用能效率和运行费用等综合因素经技术经济分析确定。

5.1.3 建筑室内热环境的调节应遵循通风优先、冷热调控与之配合的设计原则，在保证建筑全年室内热环境和空气品质的同时实现能源的高效利用。

5.1.4 除利用可再生能源发电系统的发电量能满足自身电加热用电量需求的建筑外，居住建筑供暖不应采用直接电加热式供暖设备。

5.1.5 采用地源热泵系统作为供暖与空调的冷热源时，不得破坏和污染地下资源，系统设计应符合现行国家标准《地源热泵系统工程技术规范》GB 50366 和现行上海市工程建设规范《地源热泵系统工程技术标准》DG/TJ 08—2119 的相关规定。

5.1.6 采用集中供暖与空调系统时，应在建筑单元或热力入口处设置热（冷）计量表，每户应设置分户热（冷）量计量表或分摊设施，并应设置室温调控装置。

5.1.7 采用辐射供冷、供暖系统时，其设计除应符合国家现行标准规定外，还应符合下列规定：

    1 当采用全面辐射供冷系统时，室内设计温度可提高

0.5℃～1.5℃。

　　2　当采用全面辐射供暖系统时,室内设计温度可降低0.5℃～1.5℃。

　　3　有条件时,供冷宜采用高温冷源,供暖宜采用低温热源。

5.1.8　技术经济合理时,宜采用多联式空调系统。多联式空调系统设计应符合下列规定:

　　1　系统冷媒管等效长度应符合对应制冷工况下满负荷的性能系数不低于 2.8 的要求;当产品技术资料无法满足核算要求时,系统冷媒管等效长度不应超过 70 m。

　　2　室外机的安装位置应符合本标准第4.1.5条的规定。

5.1.9　空调系统的管道与设备应采取有效的保温保冷措施。绝热层的设置应符合下列规定:

　　1　绝热层厚度应按现行国家标准《设备及管道绝热设计导则》GB/T 8175 中经济厚度计算方法计算。

　　2　当供冷或冷热共用时,保冷层厚度应按现行国家标准《设备及管道绝热设计导则》GB/T 8175 中经济厚度和防止表面结露的保冷层厚度方法计算,并取大值。

　　3　管道与设备绝热厚度应符合表 5.1.9-1 的规定,风管绝热层最小热阻应符合表 5.1.9-2 的规定。

表 5.1.9-1　室内空调冷热水管绝热层最小厚度

绝热材料	柔性泡沫橡塑		离心玻璃棉	
	公称管径 (mm)	厚度 (mm)	公称管径 (mm)	厚度 (mm)
单冷管道 (5℃～常温)	≤DN25	25	≤DN25	25
	DN32～DN50	28	DN32～DN80	30
	DN70～DN150	32	DN100～DN400	35
	≥DN200	36	≥DN450	40

绝热材料	柔性泡沫橡塑		离心玻璃棉	
	公称管径 (mm)	厚度 (mm)	公称管径 (mm)	厚度 (mm)
冷、热合用管道 (5℃~60℃)	≤DN40	28	≤DN25	35
	DN50~DN125	32	DN32~DN50	40
	DN150~DN400	36	DN70~DN300	50
	≥DN450	40	≥DN350	60

表5.1.9-2 室内空调风管绝热层的最小热阻

风管类型	输送介质最低温度(℃)	最小热阻[(m² · K)/W]
一般空调风管	15	0.81
低温风管	6	1.14

    4 管道和支架之间,管道穿墙、穿楼板处应采取防止热桥的措施。

    5 采用非闭孔材料保温时,外表面应设保护层;采用非闭孔材料保冷时,外表面应设隔汽层和保护层。

5.1.10 建筑通风设计应符合下列规定:

    1 应处理好室内气流组织,提高通风效率。

    2 设有集中排风的空调系统,宜设置排风热回收装置。

    3 主要功能房间宜设置风扇等调风装置作为改善热环境的辅助措施。

5.1.11 当存在下列情况之一时,建筑应设置新风系统:

    1 建筑自然通风无法满足通风换气要求。

    2 室内空气质量要求较高。

5.1.12 新风系统的设置应符合下列规定:

    1 新风系统气流组织应进行优化设计,室外新风宜直接送入卧室、起居室等人员主要活动区。

2 室外新风口应设在室外空气较洁净区域,进风和排风不应短路。集中空调系统室外新风口不应设在排风区内,室外排风口不应设在人员长期停留的地点。

3 室外新风口水平或垂直方向距污染源(如燃气热水器排烟口、厨房油烟排放口和卫生间排风口等污染物排放口)及空调室外机等热排放设备的边缘距离不应小于 1.5 m。当垂直布置时,新风口应设置在污染物排放口及热排放设备的下方,垂直距离不宜小于 1.5 m。

4 当新风口与排风口布置在同一高度时,宜设置在不同方向;相同方向设置时,两风口边缘之间的水平距离不应小于1.0 m。当新风口与排风口不在同一高度时,新风口宜布置在排风口下方,两风口边缘之间的垂直距离不宜小于1.0 m。

5 技术经济合理时,宜采用全热回收新风机组。

5.2 供暖、空调和通风系统性能指标

5.2.1 采用燃气热源设备时,应采用燃气热水锅炉或燃气供暖热水炉。燃气锅炉在名义工况和规定条件下的热效率不应低于94%,户式燃气供暖热水炉的热效率应符合表5.2.1的规定。

表5.2.1 户式燃气供暖热水炉的热效率限值

类型		热效率限值
户式供暖热水炉	η_1	≥89%
	η_2	≥85%

注:η_1为采暖炉额定热负荷和部分热负荷(供暖状态为30%的额定热负荷)下两个热效率值中的较大值,η_2为较小值。

5.2.2 空调设备的性能应符合下列规定:

1 采用电机驱动压缩机的蒸气压缩循环冷水(热泵)机组,其名义制冷工况和规定条件下的性能系数(COP 和 IPLV/CSPF)应

符合表 5.2.2-1 的规定,低环境温度空气源热泵(冷水)机组的能效指标应符合表 5.2.2-2 的规定。

表 5.2.2-1 蒸气压缩循环冷水(热泵)机组的能效指标限值

类型	名义制冷量 CC (kW)	能效指标限值	
		COP	CSPF/IPLV*
水冷式	CC≤300	5.30	5.60
	300<CC≤528	5.60	7.20
	528<CC≤1 163	6.00	7.50
	CC>1 163	6.20	8.10
风冷式	CC≤50	—	4.00
	CC>50	3.20	4.10

注:* 该机组执行现行国家标准《蒸气压缩循环冷水(热泵)机组 第 1 部分:工业或商业用及类似用途的冷水(热泵)机组》GB/T 18430.1 和《蒸气压缩循环冷水(热泵)机组 第 2 部分:户用及类似用途的冷水(热泵)机组》GB/T 18430.2 规定,为舒适型机组。水冷式舒适型机组的能效指标为综合部分负荷性能系数 IPLV,风冷式舒适型机组的能效指标为制冷季节性能系数 CSPF。

表 5.2.2-2 低环境温度空气源热泵(冷水)机组的能效指标限值

类型	名义制热量 (kW)	能效指标限值 HSPF/APF*
地板采暖型	≤35	3.20
风机盘管型		2.85
散热器型		2.40
地板采暖型	>35	3.20
风机盘管型		3.10
散热器型		2.40

注:* 该机组执行现行国家标准《低环境温度空气源热泵(冷水)机组 第 1 部分:工业或商业用及类似用途的热泵(冷水)机组》GB/T 25127.1 和《低环境温度空气源热泵(冷水)机组 第 2 部分:户用及类似用途的热泵(冷水)机组》GB/T 25127.2 规定。地板采暖型和散热器型机组的制热季节性能系数为 HSPF,风机盘管型机组的能效指标为全年性能系数 APF。

2 采用名义制冷量大于 7.0 kW、电机驱动压缩机的单元式空调(热泵)机组和风管送风式空调(热泵)机组时,在名义制冷工况和规定条件下的能效应符合表 5.2.2-3 的规定。

表 5.2.2-3　单元式空调(热泵)机组和风管送风式空调(热泵)机组能效限值

类型		名义制冷量 CC (kW)	单冷型	热泵型
			制冷季节能效比 SEER(Wh/Wh)	全年性能系数 APF(Wh/Wh)
风冷式	单元式	7.0≤CC≤14.0	≥3.80	≥3.10
		CC>14.0	≥3.00	≥3.00
	风管式	CC≤7.1	≥3.80	≥3.40
		7.1<CC≤14.0	≥3.60	≥3.20
		14.0<CC≤28.0	≥3.40	≥3.00
		CC>28.0	≥3.00	≥2.80
水冷式	单元式	7.0≤CC≤14.0	≥3.70	—
		CC>14.0	≥4.30	—
	风管式	CC≤14.0	≥4.00	—
		CC>14.0	≥3.80	—

注:水冷式单元式空调机组和风管送风式空调机组制冷时的规定指标为制冷综合部分性能系数(IPLV)。

3　采用房间空调器的全年性能系数(APF)和制冷季节能效比(SEER)应符合表 5.2.2-4 的规定。

表 5.2.2-4　房间空调器能效限值

额定制冷量 CC (kW)	单冷型		热泵型	
	制冷季节能效比 SEER(Wh/Wh)		全年性能系数 APF(Wh/Wh)	
	定频	变频	定频	变频
CC≤4.5	≥5.00	≥5.40	≥4.00	≥4.50
4.5<CC≤7.1	≥4.40	≥5.10	≥3.50	≥4.00
7.1<CC≤14.0	≥4.00	≥4.70	≥3.30	≥3.70

4 采用多联式空调(热泵)机组时,其在名义制冷工况和规定条件下的能效应符合表 5.2.2-5 和表 5.2.2-6 的规定。

表 5.2.2-5　水冷多联式空调机组能效限值

额定制冷量 CC (kW)	制冷综合性能系数 IPLV(Wh/Wh)
CC≤28	≥5.90
28<CC≤84	≥5.80
CC>84	≥5.70

表 5.2.2-6　风冷多联式空调(热泵)机组能效限值

额定制冷量 CC(kW)	全年性能系数 APF(Wh/Wh)
CC≤14	≥4.60
14<CC≤28	≥4.50
28<CC≤50	≥4.40
50<CC≤68	≥4.10
CC>68	≥3.90

5.2.3 通风器对 $PM_{2.5}$ 的净化能效应符合表 5.2.3 的规定。

表 5.2.3　通风器对 $PM_{2.5}$ 的净化能效限值[m^3/(W·h)]

	单向流	双向流
净化能效限值	≥5.00	≥3.00

5.2.4 户式热回收新风机组单位风量耗功率不应大于 0.45 W/(m^3/h),热回收新风机组的交换效率限值应符合表 5.2.4 的要求。集中式新风热回收机组额定能效系数不应低于空调机组额定性能系数。

表 5.2.4　热回收新风机组交换效率限值

热回收新风机组类型	冷量回收	热量回收
全热交换效率(%)	≥55	≥60
显热交换效率(%)	≥65	≥70

5.2.5 风机盘管机组宜选用直流无刷电机。

5.2.6 集中供暖空调系统循环水泵耗电输冷（热）比和空调风道系统单位风量耗功率指标应分别比现行上海市工程建设规范《公共建筑节能设计标准》DGTJ 08—107 中第 4.4.7 条和第 4.3.8 条的规定值降低 20％和 10％。

6 建筑电气节能设计

6.1 照明节能设计

6.1.1 光源的选择应符合下列规定：

1 应满足照度、功率密度、色温、显色性、启动时间等要求。

2 应根据光源、灯具及镇流器、驱动电源等的效率与寿命进行综合技术经济分析后确定。

3 采用的灯具、镇流器等效能应符合现行国家标准《建筑照明设计标准》GB/T 50034 的相关规定。

4 室内灯具的光生物危害风险组别应为 RG0 或 RG1。

6.1.2 照明灯具(功率 25 W 以上)的谐波电流限值应符合现行国家标准《电磁兼容 限值 第1部分:谐波电流发射限值(设备每相输入电流≤16 A)》GB 17625.1 的规定,照明灯具(功率 5 W～25 W)的谐波电流限值应符合表 6.1.2 的规定。

表 6.1.2　照明灯具(功率 5 W～25 W)的谐波电流限值

谐波次数 n	最大允许谐波电流与基波频率下输入电流之比(%)
2	≤5
3	≤35
5	≤25
7	≤30
9	≤20
11≤n≤39(只考虑奇数次谐波)	≤20

6.1.3 建筑照明功率密度设计值应符合表 6.1.3-1 和表 6.1.3-2 规定的现行值要求;当房间或场所的室形指数值≤1 时,其照明功率密度限值增加值不应超过限值的 20%。

表 6.1.3-1　全装修居住建筑照度及照明功率密度限值

房间或场所		参考平面	照度标准值(lx)	显色指数 R_a	照明功率密度限值(W/m²)	
					现行值	目标值
住宅	起居室	0.75 m 水平面	100	80	≤5.0	≤4.0
	卧室	0.75 m 水平面	75	80		
	餐厅	0.75 m 餐桌面	150	80		
	厨房	0.75 m 水平面	100	80		
	卫生间	0.75 m 水平面	100	80		
宿舍	居室	0.75 m 水平面	150	80	≤5.0	≤4.0
	卫生间	0.75 m 水平面	100	80	≤3.5	≤2.5
	公共厕所、盥洗室、浴室	地面	150	60	≤5.0	≤3.5
	公共活动室	地面	300	80	≤8.0	≤6.5
	公用厨房	0.75 m 水平面	100	80	≤3.5	≤2.5

表 6.1.3-2　居住建筑共用区域照度及照明功率密度限值

房间或场所		参考平面	照度标准值(lx)	显色指数 R_a	照明功率密度限值(W/m²)	
					现行值	目标值
共用区域	电梯前厅	地面	75	60	≤3.0	≤2.0
	走廊、楼梯间	地面	100	60	≤3.5	≤2.5
	车道	地面	50	60	≤1.9	≤1.4
	车位	地面	30	60	≤1.8	≤1.3

6.1.4 LED 灯功率因数应符合表 6.1.4 的规定。

表 6.1.4　LED 灯功率因数限值

功率	功率因数
≤5 W	≥0.50
>5 W	≥0.90

6.1.5 建筑公用部位宜采用 LED 产品，除地下室公共走道、设备机房、电梯厅、避难层和有人值守门厅外的公共空间外，照明控制应符合下列规定：

1 应能够根据照明需求进行节能控制，人员非长期停留的走廊、楼梯间区域照明应采用就地感应控制装置。

2 有天然采光的场所区域，其照明应根据采光状况采取分区、分组控制措施，宜增加定时、感应灯节能控制措施，且应独立于其他区域的照明节能控制。

3 无障碍坡道应设置专用照明，其控制开关宜采用光敏元件自动控制或纳入室外总体照明控制系统。

6.2 供配电及设备节能设计

6.2.1 当技术经济合理时，可设置太阳能光伏发电系统，发电系统宜进行建筑一体化设计。

6.2.2 变电所应靠近负荷中心和大功率用电设备。

6.2.3 应选用低损耗型、Dyn11 结线组别的变压器。变压器能效值不应低于现行国家标准《电力变压器能效限定值及能效等级》GB 20052 中的 2 级能效等级要求。

6.2.4 变压器低压侧应设置集中无功补偿装置。220 V/380 V 供电的电力用户进线侧功率因数不宜低于 0.85。

6.2.5 家用电器应采用能效等级为 2 级及以上的节能产品。

6.2.6 电梯设备应符合下列规定：

1 宜采用变频调速拖动方式，技术经济性合理时可采用能量回馈装置。

2 2 台及以上电梯集中排列时，应具备群控功能。

3 电梯应具备无外部召唤且电梯轿厢内一段时间无预置指令时自动转为节能运行模式的功能。

6.2.7 当采用可再生能源时，应对其进行单独计量。

7 建筑给水节能设计

7.1 给水系统设计

7.1.1 居住小区给水系统设计应综合利用各种水资源,充分利用非传统水源,优先采用循环和重复利用给水系统。

7.1.2 居民生活用水量应按现行上海市工程建设规范《住宅设计标准》DGJ 08—20 规定确定,每人最高日生活用水定额不宜大于 230 L。其他居住建筑用水定额应执行现行国家标准《建筑给水排水设计标准》GB 50015 的相关规定。

7.1.3 在满足当地供水条件下,给水系统应充分利用市政管网水压直接供水;当市政给水管网水压、水量不足时,应根据卫生安全、经济节能的原则选用贮水调节和加压供水方式。用水点水压不应大于 0.20 MPa,且不应小于 0.10 MPa。

7.1.4 生活给水系统加压给水泵应根据管网水力计算选型,水泵应在其高效区内运行。给水泵的水泵效率应符合现行国家标准《清水离心泵能效限定值及节能评价值》GB 19762 中规定的泵节能评价值。

7.1.5 当采用循环冷却水系统时,宜采取措施回收冷凝热。冷却塔的设置位置除应满足通风换热要求外,还应考虑其对建筑物的噪声及飘水等影响。

7.1.6 循环冷却水系统水泵并联台数不宜多于 3 台;当多于 3 台时,应采用流量均衡技术措施。

7.1.7 卫生器具和配件的选用应符合国家和本市现行有关标准的要求,并采用节水型生活用水器具。

7.1.8 各类给水系统应按使用用途、付费情况、管理要求分别设置用水计量装置。

7.2 热水系统设计

7.2.1 集中热水供应系统的热源应进行技术经济分析,并应按下列顺序选择:

1 采用具有稳定、可靠的余热、废热或地热,采用地热为热源时,应按地热水的水温、水质和水压采用相应技术措施,以满足使用要求。

2 采用太阳能热水系统为主、空气源热泵等辅助的形式。

3 除有其他用蒸汽需求外,不应采用蒸汽锅炉作为生活热水的热源或辅助热源。

4 不应采用直接电加热作为生活热水供应系统的主体热源。

7.2.2 集中热水系统的耗热量、热水量和加热设备供热量计算应符合现行国家标准《建筑给水排水设计标准》GB 50015 的规定。

7.2.3 太阳能热水系统的选型应根据技术经济分析确定,系统设计应符合现行上海市工程建设规范《太阳能热水系统应用技术规程》DG/TJ 08—2004A 的规定。

7.2.4 集中热水供应系统的水加热设备的出水温度不宜高于60℃。当水加热设备的出水温度低于55℃时,应采取消毒灭致病菌的措施。

7.2.5 在水加热、换热站室的加热设施热媒管道上应安装热水表、热量表或能源计量表。

7.3 热水设备性能指标

7.3.1 燃气锅炉作为生活热水热源时,其额定工况下热效率不应低于 94%;采用户式燃气炉作为生活热水热源时,其热效率应满足本标准第 5.2.1 条的规定。

7.3.2 采用空气源热泵热水机组制备生活热水时,热泵热水机在名义制热工况和规定条件下,性能系数(COP)不应低于表 7.3.2 的规定,并应有保证水质的有效措施。

表 7.3.2　热泵热水机性能系数限值(COP)(W/W)

制热量(kW)	普通型	低温型
<10	≥4.40	≥3.60
≥10	≥4.40	≥3.70

7.3.3 采用户式电热水器作为生活热水热源时,其能效指标应符合表 7.3.3 的规定。

表 7.3.3　户式电热水器能效指标限值

能效等级	24 h固有能耗系数	热水输出率
2	≤0.7	≥60%

7.3.4 热水系统的水加热设备、贮热水器、热水箱、分(集)水器、输送管网等应进行保温处理,保温层厚度应根据允许热损失值经计算确定。

附录 A　建筑年供暖供冷耗电量指标和碳排放量指标计算相关规定

A.0.1　建筑年供暖供冷耗电量指标计算软件应具有下列功能：

1　采用动态负荷计算方法。

2　室外计算参数按现行行业标准《建筑节能气象参数标准》JGJ/T 346 中的典型气象年取值。

3　能逐时设置人员数量、照明功率、设备功率、室内温度、供暖和空调系统运行时间。

4　能计入建筑围护结构蓄热性能的影响。

5　能计算建筑热桥对能耗的影响。

6　能直接生成建筑全年供暖供冷耗电量指标计算报告。

A.0.2　建筑年供暖供冷耗电量指标计算时采用的供暖期和供冷期应符合下列规定：

1　供暖期统计时间为 12 月 1 日到次年 3 月 31 日。

2　供冷期统计时间为 6 月 15 日到 9 月 30 日。

A.0.3　建筑年供暖供冷耗电量指标计算应符合下列规定条件：

1　室内热环境计算参数设置符合本标准第 3.0.2 条和第 3.0.3 条的规定。

2　空调系统运行时间为 0:00—24:00。

3　照明功率密度为 5 W/m²。

4　设备功率密度为 3.8 W/m²。

5　人员数量主卧按 2 人，其他卧室按 1 人设置，起居室按总人数设置，人员在室率按表 A.0.3-1 设定。

6　照明、设备使用率分别按表 A.0.3-2 和表 A.0.3-3 设定。

表 A. 0. 3-1　人员在室率设置

房间类型	时段											
	1	2	3	4	5	6	7	8	9	10	11	12
卧室	1.0	1.0	1.0	1.0	1.0	1.0	0.5	0.5	0.0	0.0	0.0	0.0
起居室	0.0	0.0	0.0	0.0	0.0	0.0	0.5	0.5	1.0	1.0	1.0	1.0
房间类型	时段											
	13	14	15	16	17	18	19	20	21	22	23	24
卧室	0.0	0.0	0.0	0.0	0.0	0.0	0.0	0.0	0.5	1.0	1.0	1.0
起居室	1.0	1.0	1.0	1.0	1.0	1.0	1.0	1.0	0.5	0.0	0.0	0.0

表 A. 0. 3-2　照明使用情况设置

房间类型	时段											
	1	2	3	4	5	6	7	8	9	10	11	12
卧室	0.0	0.0	0.0	0.0	0.0	1.0	1.0	0.0	0.0	0.0	0.0	0.0
起居室	0.0	0.0	0.0	0.0	0.0	1.0	1.0	0.0	0.0	0.0	0.0	0.0
厨房	0.0	0.0	0.0	0.0	0.0	1.0	1.0	0.0	0.0	0.0	0.0	0.0
卫生间	0.0	0.0	0.0	0.0	0.0	1.0	1.0	0.0	0.0	0.0	0.0	0.0
辅助房间	0.0	0.0	0.0	0.0	0.0	0.0	0.0	0.0	0.0	0.0	0.0	0.0
房间类型	时段											
	13	14	15	16	17	18	19	20	21	22	23	24
卧室	0.0	0.0	0.0	0.0	0.0	0.0	1.0	1.0	1.0	1.0	1.0	0.0
起居室	0.0	0.0	0.0	0.0	0.0	1.0	1.0	1.0	1.0	1.0	0.0	0.0
厨房	0.0	0.0	0.0	0.0	0.0	1.0	1.0	0.0	0.0	0.0	0.0	0.0
卫生间	0.0	0.0	0.0	0.0	0.0	1.0	1.0	1.0	1.0	1.0	1.0	0.0
辅助房间	0.0	0.0	0.0	0.0	0.0	0.0	0.0	0.0	0.0	0.0	0.0	0.0

表 A.0.3-3 设备使用情况设置

时段												
房间类型	1	2	3	4	5	6	7	8	9	10	11	12
卧室	0.1	0.1	0.1	0.1	0.1	0.5	1.0	0.1	0.1	0.1	0.1	0.1
起居室	0.2	0.2	0.2	0.2	0.2	0.5	1.0	0.2	0.2	0.2	0.2	0.2
厨房	0.2	0.2	0.2	0.2	0.2	0.5	1.0	0.2	0.2	0.2	0.2	0.2
卫生间	0.1	0.1	0.1	0.1	0.1	0.5	1.0	0.5	0.1	0.1	0.1	0.1
辅助房间	0.0	0.0	0.0	0.0	0.0	0.0	0.0	0.0	0.0	0.0	0.0	0.0
时段												
房间类型	13	14	15	16	17	18	19	20	21	22	23	24
卧室	0.1	0.1	0.1	0.1	0.2	1.0	1.0	1.0	1.0	1.0	1.0	0.1
起居室	0.2	0.2	0.2	0.2	0.5	1.0	1.0	1.0	1.0	1.0	0.2	0.2
厨房	0.2	0.2	0.2	0.2	0.5	1.0	1.0	1.0	0.5	0.2	0.2	0.2
卫生间	0.1	0.1	0.1	0.1	0.5	1.0	1.0	1.0	1.0	1.0	1.0	0.1
辅助房间	0.0	0.0	0.0	0.0	0.0	0.0	0.0	0.0	0.0	0.0	0.0	0.0

A.0.4 建筑年供暖供冷耗电量指标计算应符合下列规定：

1 建筑年供暖供冷耗电量指标应按下式计算：

$$E = E_h + E_c \qquad (A.0.4-1)$$

式中：E——建筑年供暖供冷耗电量指标[kWh/(m² · a)]；

E_h——建筑年供暖耗电量指标[kWh/(m² · a)]；

E_c——建筑年供冷耗电量指标[kWh/(m² · a)]。

2 建筑年供暖耗电量指标应按下式计算：

$$E_h = \frac{Q_h}{A \times HSPF} = \frac{HSTE}{A} \qquad (A.0.4-2)$$

式中：Q_h——建筑年累计耗热量(kWh)，通过软件计算得到；

A——总计容建筑面积(m²)；

$HSPF$——空调器供暖季节能源消耗效率，取 3.00；

$HSTE$——供暖季节期间空调器制热运转时所消耗的总电量（kWh）。

3 建筑年供冷耗电量指标应按下式计算：

$$E_c = \frac{Q_c}{A \times SEER} = \frac{CSTE}{A} \qquad \text{(A. 0. 4-3)}$$

式中：Q_c——建筑年累计耗冷量（kWh），通过软件计算得到；

A——总计容建筑面积（m^2）；

$SEER$——空调器制冷季节能源消耗效率，取 3.80；

$CSTE$——制冷季节期间空调器制冷运转时所消耗的总电量（kWh）。

A. 0. 5 建筑碳排放量指标计算应按下式计算：

$$C = E \times EF \qquad \text{(A. 0. 5)}$$

式中：C——建筑碳排放量指标[$kgCO_2/(m^2 \cdot a)$]；

E——建筑年供暖供冷耗电量指标[$kWh/(m^2 \cdot a)$]；

EF——电力碳排放因子（$kgCO_2/kWh$），取 0.42。

附录 B 建筑外窗传热系数计算

B. 0. 1 建筑外窗传热系数计算公式为

$$K_w = \frac{\sum K_g A_g + \sum K_f A_f + \sum \psi l_\psi}{A_g + A_f}$$ (B. 0. 1)

式中：K_w——外窗传热系数[W/(m^2 · K)]；

$\quad K_g$——窗玻璃传热系数[W/(m^2 · K)]；

$\quad A_g$——窗玻璃面积,指从室内、外两侧可见玻璃边缘围合面积的较小值(m^2)；

$\quad K_f$——窗框传热系数[W/(m^2 · K)]；

$\quad A_f$——窗框面积,指从室内、外两侧得到可视框投影面积中的较大值(m^2)；

$\quad \psi$——窗框与玻璃之间的线传热系数[W/(m · K)]；

$\quad l_\psi$——玻璃区域的边缘长度(m)。

B. 0. 2 在没有精确计算情况下,窗框与玻璃结合处的线传热系数可按表 B. 0. 2 估算。

表 B. 0. 2 窗框与玻璃结合处的线传热系数 ψ [W/(m · K)]

型材	普通玻璃	镀膜玻璃
塑料型材窗框 木型材窗框 铝包木型材窗框	0.04	0.06
金属隔热型材窗框	0.06	0.08

附录 C 建筑外窗太阳得热系数计算

C. 0. 1 建筑外窗自身太阳得热系数($SHGC_w$)应按下式计算：

$$SHGC_w = \frac{g \cdot A_g + \rho \cdot \dfrac{K}{\alpha} \cdot A_f}{A_w}$$

$$= g \cdot \left[1 - \left(1 - \frac{\rho}{g} \cdot \frac{K}{\alpha}\right) \cdot \frac{A_f}{A_w}\right]$$

$$= g \cdot F_g \qquad (C. 0. 1)$$

式中：$SHGC_w$——门窗自身太阳得热系数，无量纲；

　　　　g——门窗中透光部分的太阳辐射总透射比，无量纲；

　　　　ρ——门窗中非透光部分的太阳辐射吸收系数，无量纲；

　　　　K——门窗中非透光部分的传热系数[W/(m²·K)]；

　　　　α——门窗外表面对流换热系数[W/(m²·K)]；

　　　　A_g——门窗中透光部分的面积(m²)；

　　　　A_f——门窗中非透光部分的面积(m²)；

　　　　A_w——门窗总面积(m²)；

　　　　F_g——窗框系数，无量纲。简化计算时 PVC 塑料型材
　　　　　　　外窗和木型材窗等非金属型材外窗取 0.70，断
　　　　　　　热铝合金与铝木复合等金属型材外窗取 0.75。

C. 0. 2 采用外遮阳的建筑外窗太阳得热系数($SHGC$)应按下式
计算：

$$SHGC = SHGC_w \times SD \qquad (C. 0. 2)$$

式中：SD——建筑外遮阳的遮阳系数，无量纲，计算方法见本标准
　　　　　　附录 D。

附录 D 外遮阳系数的简化计算

D.0.1 外遮阳系数应按下列公式计算确定：

$$SD = ax^2 + bx + 1 \qquad \text{(D.0.1-1)}$$

$$x = A/B \qquad \text{(D.0.1-2)}$$

式中：SD——外遮阳系数；

  a，b——拟合系数，按表 D.0.1 选取；

  x——外遮阳特征值，$x>1$ 时，取 $x=1$；

  A，B——外遮阳的构造定性尺寸，按图 D.0.1-1～图 D.0.1-5
  确定。

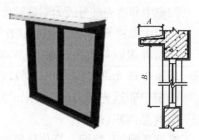

图 D.0.1-1 水平式外遮阳的特征值

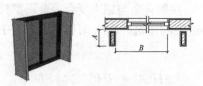

图 D.0.1-2 垂直式外遮阳的特征值

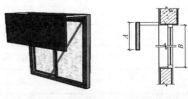

图 D. 0. 1-3 挡板式外遮阳的特征值

图 D. 0. 1-4 横百叶挡板式外遮阳的特征值

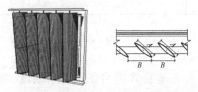

图 D. 0. 1-5 竖百叶挡板式外遮阳的特征值

表 D. 0. 1 外遮阳系数计算用的拟合系数 a,b

外遮阳基本类型	拟合系数	东	南	西	北
水平式	a	0. 36	0. 50	0. 38	0. 28
(图 D. 0. 1-1)	b	−0. 80	−0. 80	−0. 81	−0. 54
垂直式	a	0. 24	0. 33	0. 24	0. 48
(图 D. 0. 1-2)	b	−0. 54	−0. 72	−0. 53	−0. 89
挡板式	a	0. 00	0. 35	0. 00	0. 13
(图 D. 0. 1-3)	b	−0. 96	−1. 00	−0. 96	−0. 93
横百叶挡板式	a	0. 50	0. 50	0. 52	0. 37
(图 D. 0. 1-4)	b	−1. 20	−1. 20	−1. 30	−0. 92

外遮阳基本类型	拟合系数		东	南	西	北
竖百叶挡板式 (图D.0.1-5)	a		0.00	0.16	0.19	0.56
	b		−0.66	−0.92	−0.71	−1.16
活动横百叶挡板式 (图D.0.1-4)	冬	a	0.23	0.03	0.23	0.20
		b	−0.66	−0.47	−0.69	−0.62
	夏	a	0.56	0.79	0.57	0.60
		b	−1.30	−1.40	−1.30	−1.30
活动竖百叶挡板式 (图D.0.1-5)	冬	a	0.29	0.14	0.31	0.20
		b	−0.87	−0.64	−0.86	−0.62
	夏	a	0.14	0.42	0.12	0.84
		b	−0.75	−1.11	−0.73	−1.47

D.0.2 组合形式的外遮阳系数为参加组合的各种外遮阳形式的外遮阳系数[按式(D.0.1)计算]相乘积。

例如:水平式＋垂直式组合的外遮阳系数＝水平式遮阳系数×垂直式遮阳系数

水平式＋挡板式组合的外遮阳系数＝水平式遮阳系数×挡板式遮阳系数

D.0.3 当外遮阳的遮阳板采用有透光能力的材料制作时,应按公式(D.0.3)修正。

$$SD = 1 - (1 - SD^*)(1 - \eta) \qquad (D.0.3)$$

式中:SD^*——外遮阳遮阳板采用非透明材料制作时的外遮阳系数,按式(D.0.1-1)计算;

η——遮阳板的透射比,按表D.0.3选取。

表 D.0.3 遮阳板的透射比

遮阳板使用的材料	规格	η
织物面料、玻璃钢类板	—	0.50 或按实测太阳光透射比
玻璃、有机玻璃类板	0<太阳光透射比≤0.6	0.50
	0.6<太阳光透射比≤0.9	0.80
金属穿孔板	0<穿孔率≤0.2	0.15
	0.2<穿孔率≤0.4	0.30
	0.4<穿孔率≤0.6	0.50
	0.6<穿孔率≤0.8	0.70
混凝土、陶土釉彩窗外花格	—	0.60 或按实际镂空比例及厚度
木质、金属窗外花格	—	0.70 或按实际镂空比例及厚度
木质、竹质窗外花格	—	0.40 或按实际镂空比例及厚度

附录 E 建筑材料热物理性能计算参数

E.0.1 建筑屋面常用材料热物理性能见表 E.0.1。

表 E.0.1 建筑屋面常用材料热物理性能

序号	材料名称	干密度 ρ (kg/m³)	导热系数 λ [W/(m·K)]	蓄热系数 S [W/(m²·K)]	比热容 C_p [kJ/(kg·K)]	蒸汽渗透系数 μ[10⁻⁷g/(m·h·Pa)]
1	钢筋混凝土、细石钢筋混凝土	2 500	1.74	17.20	0.92	158
2	碎石、卵石混凝土	2 300	1.51	15.36	0.92	173
		2 100	1.28	13.57	0.92	173
3	自然煤矸石、炉渣混凝土	1 700	1.00	11.68	1.05	548
		1 500	0.76	9.54	1.05	900
		1 300	0.56	7.63	1.05	1 050
4	蒸压加气混凝土*	325	0.17	2.11	1.05	1 222
		425	0.20	2.64	1.05	1 166
		525	0.25	3.30	1.05	1 110
		625	0.28	3.82	1.05	1 054
5	泡沫混凝土**	300	0.08	1.35	1.05	1 222
		400	0.10	1.85	1.05	1 166
		500	0.12	2.35	1.05	1 110
		600	0.14	2.85	1.05	1 110
		700	0.18	3.35	1.05	1 110
		800	0.21	3.85	1.05	998
		900	0.24	4.35	1.05	998

序号	材料名称	干密度 ρ (kg/m³)	导热系数 λ [W/(m·K)]	蓄热系数 S [W/(m²·K)]	比热容 Cp [kJ/(kg·K)]	蒸汽渗透系数 μ[10⁻⁷g/(m·h·Pa)]
6	轻骨料混凝土	650	0.25	3.01	0.92	—
		750	0.27	3.38	0.92	—
		850	0.30	4.17	0.92	—
		950	0.33	4.55	0.92	—
		1050	0.36	5.13	0.92	—
		1150	0.41	5.62	0.92	—
		1250	0.47	6.28	0.92	—
		1350	0.52	6.93	0.92	—
		1450	0.59	7.65	0.92	—
		1550	0.67	8.44	0.92	—
		1650	0.77	9.30	0.92	—
		1750	0.87	10.20	0.92	—
7	水泥砂浆	1800	0.93	11.37	1.05	210
8	憎水型膨胀珍珠岩**	250	0.070	0.84	1.17	
		200	0.060	0.63	1.17	
9	加草黏土	1600	0.76	9.37	1.01	—
		1400	0.58	7.69	1.01	—
10	轻质黏土	1200	0.47	6.36	1.01	—
11	空气层	—	0.17(热阻)	—	—	—

注:* 引用行业标准《蒸压加气混凝土制品应用技术标准》JGJ/T 17—2020 中表C.0.4 夏热冬冷地区相关数值;
　　** 设计计算时,导热系数和蓄热系数应考虑1.50 的修正系数。

E.0.2 建筑墙体常用材料热物理性能见表 E.0.2。

表 E.0.2 建筑墙体常用材料热物理性能

序号	材料名称	干密度 ρ (kg/m³)	导热系数 λ [W/(m·K)]	蓄热系数 S [W/(m²·K)]	比热容 C_p [kJ/(kg·K)]	蒸汽渗透系数 μ[10^{-7}g/(m·h·Pa)]
1	钢筋混凝土	2 500	1.74	17.20	0.92	158
2	蒸压加气混凝土砌块*	425	0.18	2.61	1.05	1 166
		525	0.21	3.08	1.05	1 110
		625	0.23	3.47	1.05	1 054
		725	0.26	3.94	1.05	998
3	混凝土多孔砖	1 900	0.66	8.25	0.75	—
4	混凝土双排孔空心砌块	1 280	0.86	7.70	0.74	—
5	混凝土三排孔空心砌块	1 200	0.68	6.60	0.73	—
6	淤泥多孔砖	1 000	0.49	6.28	1.11	—
		1 100	0.51	6.77	1.12	—
		1 200	0.53	7.25	1.14	—
		1 300	0.55	7.75	1.16	—
7	灰砂砖	1 900	1.10	12.72	1.05	1 050
8	蒸压灰砂砖空心砌块	1 000	0.45	6.50	1.29	—
		1 200	0.57	7.75	1.21	—
		1 400	0.70	9.00	1.14	—
9	空心黏土砖	1 400	0.58	7.92	1.05	158
10	水泥砂浆	1 800	0.93	11.37	1.05	210
11	石灰水泥砂浆	1 700	0.87	10.75	1.05	975
12	石灰砂浆	1 600	0.81	10.07	1.05	443
13	石灰石膏砂浆	1 500	0.76	9.44	1.05	—
14	石膏板	1 050	0.33	5.28	1.05	790

序号	材料名称	干密度 ρ (kg/m³)	导热系数 λ [W/(m·K)]	蓄热系数 S [W/(m²·K)]	比热容 C_p [kJ/(kg·K)]	蒸汽渗透系数 μ[10⁻⁷g/(m·h·Pa)]
15	纸面石膏板	1 100	0.31	4.73	1.16	329
16	纤维板	1 000	0.34	8.13	2.51	1200
		600	0.23	5.28	2.51	1 130
17	纤维增强石膏板	1 400	0.30	5.20	1.23	373
18	空气层	—	0.18(热阻)	—	—	—

注:*引用行业标准《蒸压加气混凝土制品应用技术标准》JGJ/T 17—2020 中表 C.0.3 夏热冬冷地区相关数值。

E.0.3 建筑常用保温材料热物理性能见表 E.0.3。

表 E.0.3　建筑常用保温材料热物理性能

序号	材料名称	干密度 ρ (kg/m³)	导热系数 λ [W/(m·K)]	蓄热系数 S [W/(m²·K)]	比热容 C_p [kJ/(kg·K)]	蒸汽渗透系数 μ[10⁻⁷g/(m·h·Pa)]
1	模塑聚苯乙烯泡沫塑料(037级)	20	0.037	0.28	1.38	162
	模塑聚苯乙烯泡沫塑料(033级)	20	0.033	0.28	1.38	162
2	挤塑聚苯乙烯泡沫塑料(034级)	35	0.034	0.34	1.38	57
	挤塑聚苯乙烯泡沫塑料(030级)	35	0.030	0.34	1.38	57
	挤塑聚苯乙烯泡沫塑料(024级)	35	0.024	0.34	1.38	57
3	硬泡聚氨酯	35	0.024	0.29	1.38	234
4	岩棉板	140	0.040	0.70	1.22	4 880
	岩棉条	80	0.048	0.75	1.22	4 880

序号	材料名称	干密度 ρ (kg/m³)	导热系数 λ [W/(m·K)]	蓄热系数 S [W/(m²·K)]	比热容 C_p [kJ/(kg·K)]	蒸汽渗透系数 μ [10^{-7}g/(m·h·Pa)]
5	泡沫玻璃板（Ⅰ型）	140	0.044	0.60	0.84	2 520
	泡沫玻璃板（Ⅱ型）	141~160	0.055	0.60	0.84	2 520
6	真空保温板	450	0.008	0.45	0.77	850
7	水泥基无机保温砂浆	450	0.080	1.50	0.86	—
8	石膏基无机保温砂浆	500	0.100	1.50	0.86	—
		1 000	0.200	1.50	0.86	—

注：干密度仅为区分材料热工参数，材料对应密度类型和数值范围应以相应技术标准中的参数为准。

附录 F 建筑常用保温材料热工计算修正系数

表 F 建筑常用保温材料热工计算修正系数 a

序号	保温材料名称	导热系数 [W/(m·K)]	使用部位	修正系数 a
1	模塑聚苯乙烯泡沫塑料(EPS)	0.037 0.033	普通墙体(室外)	1.10
			普通墙体(室内)	1.05
			复合在自保温墙体中间	1.25
			整浇墙体(有斜插钢丝穿透)	1.50
			屋面、楼板	1.30
2	挤塑聚苯乙烯泡沫塑料(XPS)	0.034 0.030 0.024	普通墙体(室外)	1.10
			普通墙体(室内)	1.05
			复合在自保温墙体中间	1.25
			整浇墙体(有斜插钢丝穿透)	1.50
			屋面、楼板	1.10
3	硬泡聚氨酯(PU)	0.024	普通墙体(室外)	1.15
			普通墙体(室内)	1.10
			屋面、楼板	1.15
4	岩棉板	0.040	普通墙体(室外)、屋面、楼板	1.20
			普通墙体(室内)	1.15
	岩棉条	0.048	普通墙体(室外)、屋面、楼板	1.20
			普通墙体(室内)	1.15
5	泡沫玻璃板	0.044 0.055	墙体、屋面、楼板	1.05
6	真空保温板	0.008	墙体、屋面	1.40

序号	保温材料名称	导热系数 [W/(m・K)]	使用部位	修正 系数 a
7	水泥基无机保温砂浆	0.080	墙体(室内)	1.20
			楼板	1.30
8	石膏基无机保温砂浆	0.100 0.200	墙体(室内)	1.20

注:1. 其他材料以相近材质取值。

2. 表中使用部位中"屋面、楼板"指保温材料用于结构板上(含地面上);若保温材料用于结构板下,其修正系数采用墙体对应修正系数。

本标准用词说明

1 为了便于在执行本标准条文时区别对待,对要求严格程度不同的用词说明如下:

1) 表示很严格,非这样做不可的用词:
正面词采用"必须";
反面词采用"严禁"。

2) 表示严格,在正常情况下均应这样做的用词:
正面词采用"应";
反面词采用"不应"或"不得"。

3) 表示允许稍有选择,在条件许可时首先应这样做的用词:
正面词采用"宜";
反面词采用"不宜"。

4) 表示有选择,在一定条件下可以这样做的用词,采用"可"。

2 标准中指明应按其他有关标准执行时,写法为"应符合……的规定(要求)"或"应按……执行"。

引用标准名录

1 《设备及管道绝热设计导则》GB/T 8175
2 《电磁兼容 限值 第1部分:谐波电流发射限值(设备每相
  输入电流≤16 A)》GB 17625.1
3 《清水离心泵能效限定值及节能评价值》GB 19762
4 《电力变压器能效限定值及能效等级》GB 20052
5 《电梯、自动扶梯和自动人行道的能量性能 第2部分:
  电梯的能量计算与分级》GB/T 30559.2
6 《建筑给水排水设计标准》GB 50015
7 《地源热泵系统工程技术规范》GB 50366
8 《住宅设计标准》DGJ 08—20
9 《公共建筑节能设计标准》DG/TJ 08—107
10 《太阳能热水系统应用技术规程》DG/TJ 08—2004A
11 《建筑隔热涂料应用技术标准》DG/TJ 08—2200
12 《地源热泵系统工程技术标准》DG/TJ 08—2119
13 《民用建筑可再生能源综合利用核算标准》DG/TJ 08—2329

标准上一版编制单位及人员信息

DGJ 08—205—2015

主 编 单 位:上海市建筑科学研究院(集团)有限公司

上海市建筑建材业市场管理总站

参 编 单 位:上海现代建筑设计(集团)有限公司

同济大学建筑设计研究院(集团)有限公司

中国建筑科学研究院上海分院

上海市房地产科学研究院

主要起草人:车学娅　寿炜炜　张德明　范宏武　张永炜

邱　童　刘明明　陈众励　徐　凤　陈华宁

王君若　岳志铁　张蓓红　李德荣　朱峰磊

赵为民　洪　辉　寇玉德

上海市工程建设规范

居住建筑节能设计标准

DG/TJ 08—205—2024
J 10044—2024

条 文 说 明

目 次

Contents

1 总 则

1.0.1 根据 2020 年上海统计年鉴,截至 2019 年年底,本市居住建筑总体规模为:保有量约 6.9991 亿 m^2,年用电量 245.04 亿 kWh,年总能耗约 969.6 万 tce。相关强度指标分别为:用电量强度为 35.01 kWh/m^2,综合能耗强度为 13.85 kgce/m^2。根据《上海市城市总体规划(2017—2035 年)》,预计到 2035 年,本市城镇居住建筑面积将达到 9 亿 m^2,这意味着在 2020—2035 年的 16 年间,本市居住建筑面积将增加 1.28 倍,如果建筑能源结构不发生变化,在目前的节能措施下,居住建筑的碳排放量将成比例增加。因此,为实现中央制定的碳达峰与碳中和战略目标,上海市必须制定并执行更高的建筑节能设计标准。

1.0.2 根据 2020 年上海统计年鉴,截至 2019 年年底,本市居住建筑总量达到 6.9991 亿 m^2。根据目前居住建筑发展趋势预测,"十四五"期间本市新建居住建筑规模将新增约 0.65 亿 m^2,占比达到 8.4% 以上,因此应对新建、改建和扩建居住建筑实施最新的节能标准设计要求。

本市于 2005 年强制执行居住建筑节能设计标准,因此 2005 年前本市的居住建筑可认为未采用任何节能措施,属于非节能建筑。根据统计年鉴数据,非节能居住建筑保有量达到 3.7993 亿 m^2,占目前居住建筑总量的 50% 以上,因此在条件允许时,既有建筑节能改造可参照执行。

本标准中的居住建筑范围确定为包括商品性住宅、人才公寓、公共租赁房、经济适用房、限价房等各类以居住为目的的住宅和宿舍建筑。其他如幼儿园、养老院等居住类建筑因其公共功能与使用特点,按相同类型公共建筑处理。

1.0.3 鉴于居住建筑节能设计涉及专业较多,各专业均制定有相应的标准及节能要求。因此,居住建筑在进行节能设计时,除应符合本标准外,尚应符合国家、行业和本市现行有关标准的规定。

2 术　语

2.0.1　明确了本标准对于居住建筑的范围界定。

2.0.3　新增术语。按照室内热环境设计标准和设定的计算条件,计算出的建筑单位面积年供暖供冷所允许的能源消耗量的上限值作为建筑能耗限额指标。

2.0.4　新增术语。根据建筑能耗限额指标与电力碳排放因子的乘积确定。

2.0.9　新增术语。主要提出主断面传热系数,以尽可能降低设计过程中关于围护结构平均传热系数计算复杂程度。

2.0.11　修订了透光部分的太阳得热表征参数,由太阳得热系数代替遮阳系数,目的是与行业标准和国家标准相统一。

2.0.16~2.0.20　新增术语。明确了空调器供冷季节能源消耗效率($SEER$)、供暖季节能源消耗效率($HSPF$)、全年能源消耗效率(APF)、供冷季节耗电量($CSTE$)、供暖季节耗电量($HSTE$)等性能指标的定义。

3 基本规定

3.0.1 根据统计年鉴数据，2019 年本市居住建筑总能耗约为 969.6 万 tce，占民用建筑总能耗的比例为 39.79%，占全社会终端总能耗的比例为 8.29%，约占民用建筑碳排放总量的 39.60%。因此，居住建筑必须进行有效的节能设计，以控制其能耗强度与碳排放强度的增长。

室内热舒适环境是人们美好生活追求的目标，是社会进步的重要体现，建筑节能在保证室内热舒适环境的前提下讨论节能降碳才有意义。本标准明确要求在保证室内热舒适环境的前提下，通过采取有效的节能降碳措施，尽可能降低建筑的年供暖与供冷能耗和由供暖与空调引起的碳排放强度。

3.0.4 长期以来，我国建筑节能一直执行相对节能率概念，以 20 世纪 80 年代未保温隔热措施的建筑，采用设定的室内热环境计算参数，通过动态能耗软件计算的年供暖供冷能耗结果作为基准，然后通过设定相对节能目标，结合标准编制时的建筑节能技术发展水平，分解建筑围护结构和供暖供冷设备系统所应承担的节能贡献率，确定相对应的相关节能指标要求。

为满足节能评价需要，原节能标准引入了基于参照建筑的综合判断法。标准编制过程中，编制组随机汇总了 7 幢住宅建筑的相对值与绝对值，研究发现，7 幢建筑都满足 65% 的节能标准要求，但绝对值之间差异显著，7 幢建筑全年供暖供冷耗电量最低为 24.81 kWh/(m² · a)，最高为 35.28 kWh/(m² · a)，最低与最高之间相差 10.47 kWh/(m² · a)，相对值达到 42.2%。因此，为统一评价尺度，本标准对参照建筑评价方法进行了修订，提出采用绝对值方法进行评价，一方面可体现评价的公平性，另一方面也可与建筑实际情况建立联系,与建筑碳达峰工作目标相对接。

为确定能耗限额指标,编制组抽样了 18 幢住宅项目进行模拟分析,建筑层数 3 层～34 层,建筑面积 889 m² ～14 695.7 m²,体形系数 0.26～0.6,采用行业标准《建筑节能气象参数标准》JGJ/T 346—2014 中的上海数据,根据上海市建筑的用能特点与需求分析,按照修订标准确定的围护结构热工性能指标,计算出满足舒适性需求的居住建筑全年供暖供冷耗电量指标为 20.32 kWh/(m² · a),归整后确定 20.5 kWh/(m² · a)作为新修订标准的能耗限额指标。

国家标准《建筑节能与可再生能源利用通用规范》GB 55015—2021(简称"通规")中附录 A.0.1 规定,新建居住建筑供暖供冷平均设计能耗应符合下列规定:夏热冬冷 A 区供暖设计能耗不超过 6.9 kWh/(m² · a),供冷设计能耗不超过 10.0 kWh/(m² · a)。根据相关说明,该数值是选取典型建筑(6 层)板式住宅,按照通规第 3 章规定的计算参数,采用逐时动态的方法计算得到的,其中上海居住建筑设计能耗指标分别为:供暖 7.2 kWh/(m² · a)和供冷 12.6 kWh/(m² · a)。根据通规第 3.1.1 的规定,建筑围护结构热工性能权衡判断应采用总耗电量对比评定法,即对于夏热冬冷地区 A 区,典型新建居住建筑供暖供冷总耗电量指标应不超过 16.9 kWh/(m² · a),而对于上海地区的典型居住建筑供暖供冷总耗电量指标应不超过 19.8 kWh/(m² · a)。

通过对标准的深入对比发现,通规与本标准所采用的计算工况不同,因此能耗绝对值指标不能直接对标。为此,本标准在编制过程中同时采用了与通规相同的计算工况进行了相关能耗指标计算,以进行对标。

对标过程中,同时选择了 1 幢 6 层住宅和 17 幢 3 层～34 层住宅作为典型建筑进行设计能耗对比分析。结果显示,在采用与通规相同计算条件下,采用本标准规定的围护结构相关参数,计算得到的上海新建居住建筑设计能耗指标平均为供暖

6.8 kWh/(m² · a)和供冷 11.4 kWh/(m² · a),其中 6 层典型建筑的相关指标为供暖 4.6 kWh/(m² · a)和供冷 11.8 kWh/(m² · a)。计算确定的居住建筑全年供暖供冷总耗电量指标平均为 18.2 kWh/(m² · a),与通规中的上海区域指标相比,能耗降低约 8.1%,其中 6 层典型建筑全年供暖供冷总耗电量指标计算结果为 16.4 kWh/(m² · a),与通规中的夏热冬冷地区 A 区和上海区域指标相比分别降低约 3.0%和 17.2%。这说明,本标准制定的相关技术要求明显高于通规的相关规定。

能耗限额指标计算过程中,计算建筑面积为地上建筑面积,即计容建筑面积。半地下室或地下不计入容积率的但具有空调需求的居室面积应计入限额指标的计算建筑面积。

当能耗限额指标确定后,可采用能耗限额指标与电力碳排放因子相乘确定建筑碳排放限额指标。由于上海市目前尚缺少统一的电力碳排放因子,本次标准制定过程中,经调查上海市本地电力碳排放情况,并结合外调电力以三峡电站水电为主,估算确定上海市目前电力碳排放因子约为 0.42 kgCO₂/kWh,也由此确定建筑碳排放限额指标应不超过 8.6 kgCO₂/(m² · a)。如果后期政府公布统一的电力碳排放因子,则此值应根据公布数值进行修正。

3.0.5 国家标准《建筑节能与可再生能源应用通用规范》GB 55015—2021 强调在新建建筑中采用太阳能、地热能等可再生能源,居住建筑为营造高品质的生活环境,需具备为供暖、空调、照明、生活热水、照明、家用电器等提供能源供应条件,采用太阳能、空气源热泵、地热能等综合能源,不仅可根据能源品质实现梯级利用,有效提高能源综合利用效率,还可发挥可再生能源成本低、环保效益好的优势,因此鼓励采用。对于有余热废热利用条件的,采用热、电、冷联产技术可降低能源综合成本,提高能源利用效率,获得更低廉的能源供应,因此在技术经济合理时,鼓励采用。

4 建筑和围护结构热工节能设计

4.1 建筑设计

4.1.1 建筑群总体布局应考虑建筑间距、朝向与建筑能耗的关系,夏季应避免太阳辐射,冬季应充分获得太阳采暖;建筑单体立面设计和外窗设置应考虑自然通风,开启窗扇是过渡季和夏季温湿度适宜时段组织建筑室内自然通风的有效措施,可在改善室内热舒适环境的同时减少空调运行时间,降低空调运行能耗,因此国家标准《建筑节能与可再生能源利用通用规范》GB 55015—2021第3.1.14条对建筑外窗通风开口面积提出了比例要求,设计过程中应严格遵守。

4.1.2 建筑物的能耗与太阳辐射和本地区的主导风向密切相关,上海地区的居住建筑基本上都遵循南向或接近南向原则设计,由于太阳方位角变化,南向朝向的建筑夏季可以减少太阳辐射得热、冬季可以增加得热,并且有利于通风,是最有利的朝向。考虑到实际项目受控规、详规、城市道路及周边环境等条件约束,选择正南向存在一定困难,因此根据太阳辐射分布提出了上海市居住建筑的适宜朝向范围。

4.1.3 本条规定在国家标准《建筑节能与可再生能源利用通用规范》GB 55015—2021第3.1.2条的基础上增加了高度的影响。

体形系数是单位体积的建筑表面积大小的表征参数,与建筑物的造型、层数、平面布置和通风采光有关。对于以温差传热为主导的居住建筑,体形系数越大,建筑对应的表面积也就越大,造成冬季通过建筑表面散失的热量就越多,夏季通过建筑表面传入室内的热量也越大。因此,为了降低建筑能耗,有必要对居住建筑的体形系数规定限值。但考虑到体形系数与建筑平面布置、采光通风相关,如住宅建筑设置凹口是为使厨房、卫生间和居室获得自然采光和自然通风,体形系数规定过小,意味着建筑形体规整变化单调,可能影响建筑美学,因此体形系数需兼顾建筑节能和建筑美学,给出相对合理的数值。3 层及以下为低层住宅,4 层及以上为多层或高层建筑。考虑到低层建筑体形系数受高度与层数影响较大,因此在体形系数的限值上对建筑层数和建筑高度同时进行了控制。

4.1.4 本条中的窗墙面积比在国家标准《建筑节能与可再生能源利用通用规范》GB 55015—2021 第 3.1.4 条的基础上,根据上海市居住建筑的用能特点和具体节能需求进行了规定。

外窗面积过大对建筑围护结构能耗影响很大,建筑立面上外窗的热工性能与外墙的热工性能相差较大,窗面积大,墙面积就小,建筑立面围护结构的整体热工性能就随之降低,但较大的窗面积可使房间获得更好的采光和视野,且有利于过渡季和夏季的自然通风。因此,综合考虑降低能耗和通风采光的需求,在满足室内自然采光和自然通风的前提下提出了居住建筑窗墙面积比的限值。

上海地区的居民一年四季都有开窗自然通风的习惯,不仅因其改善了室内空气品质,还可在过渡季、夏季带走室内余热,且大面积的窗还有助于冬季获取更多的日照。随着居民对生活品质要求的提高,近年来居住建筑的窗墙面积比有越来越大的趋势,尤其是商品住宅的购买者都希望住宅更加通透明亮,起居室(客厅)甚至整个外墙面为落地门窗。为满足居住品质的提升和节能要求,给建筑设计师和建设方一定的设计自由度和灵活性,允许每套住宅一个房间在南向的窗墙面积比不超过 0.60,但应选用高性能外窗,通过提高外窗热工性能来控制能耗。

不同朝向墙面太阳辐射的峰值,以东、西向墙面为最大,西南(东南)向墙面次之,西北(东北)向又次之,南向墙更次之,北向墙为最小。因此,本条对不同朝向的窗墙面积比提出了不同的限值,尤其对东、西向窗墙面积比提出了最严的限值,通过控制东、西向窗墙面积比,减少太阳辐射热的影响,以达到降低空调运行能耗的目的,同时也是为了引导建筑设计充分利用自然能源的特点,合理考虑建筑朝向。

本条规定每套住宅允许一个房间在一个朝向窗墙面积比大于 0.50,但应小于或等于 0.60,主要是考虑位于建筑东西两端的住宅套型可能会将起居室设在东西朝向而开设面积较大的外窗,目的是给建筑设计更大的灵活性。

4.1.5 空调室外机应合理布置,当设置在通风不良的建筑凹口或竖井内、封闭或接近封闭的空间时,采用过密的百叶遮挡、过大的百叶倾角、小尺寸箱体内的嵌入式安装、多台室外机安装间距过小等安装方式使进、排风不畅,形成短路,易引起热堆积,造成房间空调器在实际使用中的能效降低,甚至造成保护性停机,因此宜错开布置。

污浊气体会直接影响室外机的换热能力,夏季的太阳辐射则会引起室外机局部高温,造成排热困难,直接影响机组的出力。而有组织排放空调冷凝水是为了避免墙面污损,避免对相邻住户造成干扰。

4.1.6 现行上海市工程建设规范《住宅设计标准》DGJ 08—20 规定多层住宅应设置电梯,现行行业标准《宿舍建筑设计规范》JGJ 36 也提出了设置电梯的要求,鉴于电梯能耗的占比情况,本条对节能型电梯提出要求。

根据现行国家标准《电梯、自动扶梯和自动人行道的能量性能 第 2 部分:电梯的能量计算与分级》GB/T 30559.2 的规定,电梯的能量性能分级为 A～G 共 7 个等级。鉴于目前尚无明确的节能型电梯分类标准,为便于执行,本条将能量性能等级为 A、B 级的电梯定为节能型电梯。A、B 级电梯的特点如下:

(1) VVVF 控制的永磁同步电梯,能量性能等级为 B 级,是目前市场上的主流产品。

（2）能量回馈型 VVVF 控制的永磁同步电梯，该电梯馈能发电利用率可达 30％以上，能量性能等级为 A 级，是新一代的节能电梯。

4.1.7 上海市已发布实施《民用建筑可再生能源综合利用核算标准》DG/TJ 08—2329，该标准明确了居住建筑的可再生能源利用以太阳能热水系统为主，并提出了具体的用量及设置要求。为避免太阳能热水系统设计与建筑主体设计不同步，造成系统实施效果欠佳，本条明确太阳能热水系统应与主体建筑同步设计、同步施工。

4.2 围护结构热工性能限值

4.2.1 本条在国家标准《建筑节能与可再生能源利用通用规范》GB 55015—2021 第 3.1.8 条的基础上，根据上海地区居住建筑的节能需求作出了规定。

建筑围护结构热工性能直接影响居住建筑供暖和供冷的负荷需求，必须予以严格控制。本次标准修订中，编制组选取了 10 余幢不同层数、不同类型的住宅建筑和宿舍建筑，分成 3 个模拟分析小组对这些居住建筑建立统一的模型，根据上海地区的气候条件、用能特点和使用习惯，按照修订前的围护结构热工限值对应的基准值，结合节能发展趋势要求确定本市居住建筑的能耗限额，然后根据能耗限额提出围护结构各部位的热工限值指标。3 个小组经过多次验算，不断调整热工限值指标，最终确定了表 4.2.1 建筑非透光围护结构各部分的传热系数限值。模拟分析的同时也证明了不超过 3 层的低层居住建筑由于其外表面积较大，其非透光围护结构各部位传热系数（K）必须低于 4 层及以上多高层居住建筑才能达到能耗限额的要求，故表 4.2.1 中对不超过 3 层的低层居住建筑和大于或等于 4 层的多层、高层居住建筑提出了不同的传热系数限值。

本次标准修订对屋面提出了更低的传热系数限值。虽然在多层、高层居住建筑中，屋面面积小于外墙面积，屋面的热工性能对降低建筑整体能耗的贡献小于外墙，但由于其对顶层住户的供冷能耗和供暖能耗影响很大，且顶层住户的外墙和屋面都直接接触室外空气，室内热环境较差。因此，为改善顶层住户的室内热环境，降低顶层住户套内的供冷及供暖能耗，降低屋面的传热系数限值很有必要，并且降低屋面传热系数值从材料和构造上也比较容易实现。

需说明的是，本条修订重新引入了热惰性指标(D)，这主要是考虑到上海地区气候特点和新型轻质材料对围护结构热工性能的影响，也与落实能耗限额要求有关。上海地区夏季外围护结构受不稳定温度波作用明显，如夏季受太阳辐射热影响，屋面外表面最高温度实测可达 $50℃\sim60℃$，甚至更高，而夜间围护结构外表面温度却可以降至 $25℃$ 以下，对处于这种温度波幅很大的非稳态传热条件下的建筑围护结构来说，只采用传热系数(K)单一指标不能全面地评价围护结构的热工性能。在非稳态传热的条件下，围护结构的热工性能除了用传热系数这个参数之外，还需要用抵抗温度波和热流波在建筑围护结构中传播能力的热惰性指标(D)来评价。近年来，随着建筑材料的发展，越来越多的新型轻质材料用于围护结构的屋顶和外墙，虽然新型轻质材料导热系数较低，较容易满足传热系数的规定限值，但其蓄热系数较差，难以达到热惰性指标(D)的要求，从而导致围护结构内表面温度波幅过大。上海径南小区等节能建筑试点工程建筑围护结构热工性能实测数据表明，夏季无论是自然通风、连续空调还是间歇空调，砖混、钢筋混凝土剪力墙等厚重结构与加气混凝土砌块、混凝土空心砌块中型结构及金属夹芯板等轻型结构相比，外围护结构内表面温度波幅差别很大。在满足传热系数规定的条件下，连续空调时，空心砖加保温材料的厚重结构外墙内表面温度波幅值为

1.0℃～1.5℃,加气混凝土外墙内表面温度波幅为 1.5℃～2.2℃,空心混凝土砌块加保温材料外墙内表面温度波幅为 1.5℃～2.5℃,金属夹芯板外墙内表面温度波幅为 2.0℃～3.0℃。在间歇空调时,内表面温度波幅比连续空调要增加1℃。自然通风时,轻型结构外墙和屋顶的内表面使人明显地感到一种烘烤感。因此,对屋面和外墙的 D 值作出规定,是为了防止因采用轻型结构造成 D 值减小后,室内温度波幅过大以致在自然通风条件下,夏季屋面和东西外墙内表面温度可能高于夏季室外计算温度最高值,不能满足现行国家标准《民用建筑热工设计规范》GB 50176 的规定,也无法满足能耗限额的要求。本条规定围护结构的传热系数(K)与热惰性指标(D)对应要求,同时也可避免原有标准中对轻质结构和重质结构的判定不够严谨而影响围护结构保温隔热性能的评价。

为降低外墙节能计算过程中关于平均传热系数计算复杂程度,减轻计算人员的工作量,并实现很好的节能控制目标,本标准借鉴北京市节能设计标准,引入主断面传热系数术语,同时采用主断面传热系数代替外墙平均传热系数作为围护结构传热系数限值要求。外墙主断面即外墙主墙体的断面构造组成,不含结构性热桥,本标准将外墙热工性能控制在主断面而非外墙平均传热系数,实质上是提高了对外墙热工性能的要求,通过提高外墙主墙体的热工性能弥补结构性热桥的不足,避免了复杂的计算,方便建筑设计、审查和验收。大量计算结果显示,针对上海目前常用的节能构造,外墙主断面传热系数 0.30 W/(m² · K)相当于平均传热系数 0.50 W/(m² · K)、主断面传热系数 0.40 W/(m² · K)相当于平均传热系数 0.60 W/(m² · K)、主断面传热系数 0.50 W/(m² · K)相当于平均传热系数 0.70 W/(m² · K)、主断面传热系数 0.60 W/(m² · K)相当于平均传热系数 0.80 W/(m² · K)。对于采用内保温的外墙节能构造,其热桥处理应满足本标准及相关强制性标准的规定。

由于上海地区居住建筑主要采用以户或居室为单位的间歇式空调方式,因此分户墙、分户门和分户楼板的保温性能也就显得十分重要。本次修订为了满足能耗限额标准,对这些部位的传热系数限值提出了新的要求,直接接触室外空气的外挑楼板的性能应与外墙相同。居住建筑底层设有商业网点或设有地下室时,上层住户与商业网点之间的楼板、住户与地下室之间的楼板应执行分户楼板的传热系数限值。

本条文各项参数均应满足,不允许在不满足的情况下进行能耗限额计算。

4.2.2 本条在国家标准《建筑节能与可再生能源利用通用规范》GB 55015—2021 第 3.1.9 条的基础上,结合上海市的建筑特点和节能需求进行了规定。

为方便建筑设计,本次修订统一了外窗传热系数限值的窗墙面积比分类与外窗太阳得热系数限值的窗墙面积比分类。

外窗传热系数限值与窗墙面积比有关,表 4.2.2-1 的外窗传热系数限值,是与窗墙面积比相对应的外窗传热系数限值。窗墙面积比越大,外窗的传热系数越小。

本条将上海市居住建筑外窗性能根据窗墙比按小于或等于 0.60 和大于 0.60 进行分档,当窗墙比大于 0.60 时,外窗传热系数不应大于 1.50 W/(m²·K),建筑设计应综合考虑窗墙比与经济造价和外窗产品技术的可行性,将窗墙比控制在 0.60 以内。第 4.1.4 条只允许一个房间的窗墙比小于或等于 0.60,其他朝向都不允许大于 0.60,故外窗性能选用的窗墙比应与其一致。

外窗太阳得热系数限值也与窗墙面积比密切相关,窗墙面积比越大,太阳得热系数限值越低。鉴于上海地处夏热冬冷地区,夏季窗户遮阳有利于供冷节能,而冬季若有更多的阳光进入室内则可降低供暖能耗,故提倡采用活动式遮阳方式。外窗一般由窗框型材和玻璃组合而成,当未设外遮阳设施时,外窗太阳得热系数是指窗框和玻璃组合后的太阳得热系数;当设有固定外遮阳时,外窗太阳得热系数还应考虑固定遮阳设施的遮阳系数。《居住建筑节能设计标准》DGJ 08—205—2015(简称"2015年版标准")中要求外窗玻璃冬季遮阳系数大于或等于0.60,但考虑到目前外窗传热系数要求不能高于1.60 W/(m² · K),其必须采用Low-E玻璃来实现。要同时实现玻璃遮阳系数达到0.60及以上有难度,且上海居住建筑能耗以夏季空调为主,兼顾冬季供暖,因此关于玻璃的太阳得热系数要求执行国家标准《建筑节能与可再生能源利用通用规范》GB 55015—2021的规定。

4.2.3 外窗传热系数计算应符合本标准附录B的规定。

外窗太阳得热系数也需考虑窗框型材和玻璃的综合因素,本标准附录C给出了相应的计算方法,并明确了窗框系数的相关取值要求。标准玻璃的太阳得热系数理论值为0.87,因此玻璃的太阳得热系数可根据其遮阳系数(SD)乘以0.87确定。当外窗设有固定外遮阳时,外窗的太阳得热系数应采用本标准附录C.0.2的计算方法确定。

4.2.4 夏季的太阳辐射对各个朝向外窗的影响不同,根据太阳高度角与方位角的变化规律,东、西向的外窗,太阳高度角相对偏低,造成水平遮阳效果不明显,且由于太阳方位角变化范围较大,简单的垂直遮阳作用也相对有限,因此,针对东、西向外窗提出宜设置遮住窗户正面的活动外遮阳。

南向外窗与东、西向外窗明显不同,南向的太阳高度角在冬季相对较低而在夏季则偏高,因此合理的水平遮阳可实现夏季遮阳而冬季不挡阳光的效果,即南向的水平遮阳因太阳高度角的变化可实现季节性遮阳,项目设计时应根据不同的朝向设置不同形式的遮阳设施。当采用可完全遮住正面的活动外遮阳或可调中置遮阳的外窗时,其太阳得热系数可视为符合本标准的规定。

4.2.5 本条在国家标准《建筑节能与可再生能源利用通用规范》GB 55015—2021第3.1.9条的基础上对天窗性能作了规定。

屋面是建筑围护结构的主要部位,屋面上开设天窗虽然可增强天然采光,但也会削弱屋面的保温隔热性能,尤其夏季屋面接受到的太阳辐射非常强烈,最高时可达 1 000 W/m² 左右,造成建筑供冷能耗很大。因此,综合考虑天然采光和保温隔热需求,提出传热系数和太阳得热系数及面积设置的规定。

4.2.6 本条在 2015 年版标准的基础上,结合国家标准《建筑节能与可再生能源利用通用规范》GB 55015—2021 第 3.1.16 条进行了规定。

对外窗提出气密性要求,是为了避免冬季室外冷空气和夏季室外热空气过多地渗入室内,造成空调冷热负荷的无序增加。考虑到 2015 年版标准所采用的国家标准《建筑外门窗气密、水密、抗风压性能分级及检测方法》GB/T 7106—2008 已修订为《建筑外门窗气密、水密、抗风压性能检测方法》GB/T 7106—2019,且该标准中已取消分级规定条文,因此本条根据现行国家标准《建筑幕墙、门窗通用技术条件》GB/T 31433 中的分类,采用与国家标准《建筑节能与可再生能源利用通用规范》GB 55015 的要求相同数值的 6 级进行了规定,主要是考虑便于判断外窗气密性程度而沿用了等级评价方法。

4.2.7 居住建筑设置凸窗现象较为普遍,凸窗会引起围护结构外表面积的增加,从而导致建筑供冷和供暖能耗的增加,因此基于能耗限额设计需求,有必要对凸窗设置进行从严控制。本条规定凸窗传热系数不应超过 1.40 W/(m² · K),是为了弥补凸窗带来的能耗增加,建筑设计应慎重采用凸窗。

考虑凸窗是外墙保温的最薄弱环节,为此要求凸窗的顶板、底板及侧向不透明部分的传热系数不应大于透光部分的传热系数,且应进行内表面结露验算。凸窗在设计、施工时应确保保温措施的落实,并应采取有效措施,避免脱落、开裂等安全隐患。需强调的是,由于预制外墙板设置凸窗有难度,因此装配式建筑推广过程中出现了与窗同高的整面外墙向外凸出,这种形式不属于凸窗,凸出墙体的顶板应符合屋面传热系数规定限值,底板应符合外挑楼板传热系数的规定限值,侧墙板应符合外墙传热系数规定限值。若凸出部位下方封闭成空腔,则其封闭外墙应符合外墙传热系数规定限值。

4.2.8 居住建筑的阳台是为楼层住户提供的室外空间,故阳台空间与居室空间的分隔墙体及墙上设置的门窗定义为建筑外墙和外门窗,该墙体必须设置保温层,满足外墙的传热系数限值要求,墙上的窗应是节能外窗,其热工性能应满足外窗规定限值。封闭阳台或非封闭阳台的栏板因不认定为外墙,故可不设置保温层,阳台栏板上设置的封闭外窗也不需满足传热系数限值要求。若建筑设计中阳台与居室空间之间未设分隔门窗,则该阳台栏板不认为是简单防护栏板,而被认定为建筑外墙,其应设置保温层以满足外墙传热系数限值;墙上的封闭窗被视为外门窗,应按照其封闭范围计入窗墙面积比,并根据确定的传热系数和太阳得热系数限值选用符合要求的节能外门窗。对于二层以上的、底层无阳台的封闭阳台外挑底板,因其与室内空间未设保温墙体和节能外窗,故将其视为室内空间的外围护部位,其传热系数应满足与外挑楼板相同的限值要求;同理,其顶层阳台顶板作为屋面,应满足屋面的传热系数限值。

4.2.9 建筑外围护墙体、屋面采用浅色饰面材料时,可较多反射夏季太阳辐射热,有效降低建筑围护结构外表面温度与室内外的传热温差,从而减少建筑围护结构的夏季得热量,起到节能目的。虽然采用浅色饰面外表面也会因冬季吸收太阳辐射量的减少而有可能增加室内的供暖能耗,但上海地区居住建筑能耗主要以夏季空调供冷为主,因其夏季减少屋面、外墙表面的夏季辐射热能力相对更强,降低空调能耗的幅度相对更大,因此从全年综合比较仍具有一定的节能效果。

4.2.10 屋顶绿化是改善城区热岛效应、减少二氧化碳排放、蓄存雨水的有效措施,也是降低夏季空调负荷的重要手段,还可使周边建筑空中景观环境得益。从传热角度出发,屋顶绿化的种植土或种植介质为屋面增加了一道保温隔热层,因此其热阻可计入屋面传热系数的计算。本条对绿化屋面保温隔热计算取值进行了明确,种植屋面采用加草黏土或轻质黏土作为种植层时,其导热系数可按本标准附录 E 中表 E.0.1 取值,400 mm 厚绿化土层可按 0.50(m² · K)/W 计入屋面热阻并计算屋面传热系数。其他构造可按相关标准取值[导热系数参考值:田园土 0.5 W/(m · K),改良土 0.35 W/(m · K),无机复合土 0.46 W/(m · K)]。

4.3 围护结构保温措施

4.3.1 东、西向外墙夏季受太阳辐射热影响较大,夏季实测建筑西墙外表面温度可达 50℃以上,导致紧邻该墙的室内空间热环境不佳,若开设外窗则会导致更多的辐射热进入室内,造成该室内房间的供冷能耗明显增加。为降低东西向太阳辐射的影响,本条规定东西向外窗应设置遮阳,可设置活动外遮阳或可调节的中置遮阳。遮阳设施应与建筑一体化,以减少安全隐患。

4.3.2 为满足绿化种植要求,避免植物根系破坏保温层,绿化屋面不适合采用倒置式保温构造形式。为规范相关参数的设计取值,本标准附录 F 给出了常用屋面保温材料的性能参数和修正系数。

4.3.3 为方便外墙传热系数计算,本标准附录 F 给出了常用保温材料的性能参数。对于外墙内保温、预制夹心保温、砌块镶嵌保温材料自保温等系统,考虑其保温层构造复合或组合后材料性能变化的因素,可依据相应的技术规程或技术标准选取保温材料的导热系数、蓄热系数、热惰性指标等性能参数。保温材料的选取与构造设计应符合政府相关禁限政策的规定。

4.3.4 外墙内保温系统可避免外墙外保温层开裂坠落的安全隐患,上海市于 2014 年开始要求全市保障性住房采用外墙内保温系统,并取得了较好的成效和经验。居住建筑通常以户或宿舍居室为单位采用分体空调或户式集中空调,其公共楼梯、走道的外墙与居室之间有室内空间相隔,这部分隔墙并未接触室外空气,根据已实施的保障性住房的经验,可不设保温层,但住宅户内、宿舍居室与楼梯、电梯、走道分隔的墙体应视作分户墙,应按照分户墙的要求设置保温层。为满足建筑设计防火规范的要求,且便于实施,避免矛盾,本条规定该部位的保温层应设在户内的墙面位置,其热工性能应满足分户墙的传热系数限值,建筑设计图纸应绘制保温层设置的平面示意图予以明确,以方便施工。与公共区域分隔的分户墙不包括敞开外廊(非封闭)公共区域的分户墙,位于非封闭空间公共区域的分户墙应满足外墙传热系数限值规定。

4.3.5 燃烧性能等级为 A 级且具备防潮、防水的保温材料相对很少,通常以水泥基无机保温砂浆为主,由于无机保温砂浆材料的厚度受限不能满足本标准规定的传热系数限值,考虑到这类房间不是使用空调的主要房间,故允许在其外墙内侧设置满足防火、防水、防潮且可以粘贴面砖的无机保温砂浆作为保温层,以 20 mm 厚为宜。如果相邻房间隔墙的保温、隔热性能不足,则需在与相邻房间的隔墙上再设置保温层,当隔墙上采用不适合贴饰面砖的保温材料时,基于防火、防水、防潮且易清洁的要求,不应将其设在厨房、卫生间一侧的墙面上。建筑设计应在内保温设置平面示意图中标明厨房、卫生间与相邻房间隔墙的保温层位置,以确保施工符合设计要求。

4.3.6 建筑热工对围护结构设计的基本要求之一是内表面在冬季供暖期不能结露。建筑外墙、屋面的热工性能以保温层的性能为主,一般情况下,上海地区外墙外侧或内侧经保温措施后,混凝土结构热桥部位不会结露。外墙采用内保温时,可对热桥部位进行露点温度计算,若热桥部位的内表面温度低于室内空气在设计温度、湿度条件下的露点温度,应加强热桥部位的保温措施。

4.4 建筑年供暖供冷耗电量指标和碳排放量指标计算

4.4.1 当设计的居住建筑体形系数、窗墙比和外窗热工性能不能完全满足本标准对应的强制性规定数值时,应采用相关措施弥补,以确保设计建筑综合性能达到本标准规定的节能目标。

4.4.2 为避免围护结构性能出现过于薄弱环节,本条明确规定了节能计算所需达到的居住建筑热工性能最低要求。当外窗确有难度不能满足传热系数规定限值时,应在加强其他部位的节能措施后方可按照本条规定计算建筑年供暖供冷耗电量指标。

5 供暖、空调和通风节能设计

5.1 供暖、空调和通风设计

5.1.1 本条在国家标准《建筑节能与可再生能源利用通用规范》GB 55015—2021 第 3.2.1 条和第 3.2.8 条的基础上强调了采用空调冷热负荷计算结果对于系统选型的重要性。

本条规定施工图设计阶段应进行冬季热负荷和夏季逐时冷负荷计算,以避免供暖与空调设备容量偏大、管道直径偏大、水泵配置偏大及末端设备偏大等"四大"浪费现象。

最近几年,居住建筑采用集中冷热源的空调系统也有一定数量,常用的有风管机、内外机采用水管连接的水管机两种形式。这些系统虽然规模较小,但应归属于集中空调系统,如果不基于负荷计算进行选型设计,同样会产生"四大"浪费。

当全装修居住建筑采用间歇应用空调形式时,也应按本条要求进行相关负荷计算后进行设备选型。

5.1.2 居住建筑供暖、空调系统形式是选择集中式,还是分户式,应根据建筑物的能源条件、设备用能效率、建筑使用模式以及建筑品质要求等综合确定。确定时应经过详细的技术经济性分析,做好节能、舒适、健康及对环境影响的协调统一。

在有工业余热废热和区域集中供热供冷范围内的建筑,设计时应优先考虑余热废热与集中供热供冷资源的利用。

5.1.3 居住建筑应首先保证居住者的安全健康、舒适便捷,满足室内环境要求。居住建筑室内环境的各种需求是相互关联的,供暖、通风和空调等系统在居住建筑中的应用应从室内环境需求出发综合考虑。采用通风方式可实现保障室内呼吸安全、健康与室内热舒适的目的,设计过程中合理确定通风和空调使用的时间和空间,有助于实现热舒适、空气品质与节能的多重效果。

5.1.4 采用电直接加热方式供暖是能源利用效率最低的一种方式,即使采用最先进的电加热设备,根据我国目前火力发电平均效率40%左右,电力直接加热供暖的一次能源供暖能效比仅为0.4。而采用锅炉燃烧供热,其一次能源供暖能效比约为0.9以上,但若采用热泵式空调系统,其一次能源供暖能效比可达1.5以上。因此,居住建筑供暖不应采用直接电加热式供暖设备,建筑采用可再生能源发电且其发电量可满足自身供暖需求的情况除外。目前可用于居住建筑的可再生能源发电形式主要是指太阳能光伏发电系统。利用蓄热式电热设备在夜间低谷电时间进行供暖或蓄热,且不用电高峰和平段时间启用的系统也认为满足要求。

5.1.5 国家标准《地源热泵系统工程技术规范》GB 50366—2005(2009年版)第3.1.1条规定"地源热泵系统方案设计前,应进行工程场地状况调查,并应对浅层地热能资源进行勘察"。如果地源热泵系统采用地下埋管式换热器,应进行土壤温度平衡设计,并应注意进行长期应用后土壤温度变化趋势的预测,以避免长期应用后土壤温度发生变化,出现机组效率降低甚至不能制冷或供热。

5.1.6 本条是在国家标准《建筑节能与可再生能源利用通用规范》GB 55015—2021第3.2.24条和第3.2.25条的基础上对居住建筑采用集中供暖与空调系统进行了计量与调控规定。

当居住建筑采用集中供暖与空调系统时,对每一个用户进行冷热量计量是促进行为节能的有效方法。房间应设置可根据实际室温变化调节运行,确保供暖工况下不出现过热、供冷工况下不出现过冷现象。

对于集中供暖与空调系统为多栋建筑同时提供冷热量的情况,在每一栋楼的热力入口都应安装热(冷)量计量表,一方面可为能量收费提供依据，另一方面可及时发现不合理的用能现象，以实现更有效的节能。

5.1.7 辐射供冷、供暖区域的温度梯度较小，热舒适性较好。但由于辐射供冷、供暖初始降/升温时间相对漫长，因此一般适用于连续使用的居住房间。根据相关研究结论，全面辐射供冷时，室内温度高于采用对流方式供冷系统 0.5℃～1.5℃，全面辐射供暖时，室内温度低于采用对流方式供暖系统 0.5℃～1.5℃，可达到同样的舒适度。当有条件时，辐射供冷宜采用高温冷源，供暖宜采用低温热源。但由于上海夏季空气湿度普遍较高，如果在空调开启时间内，使用空间密闭性得不到保障，空气湿度又来不及有效控制，辐射表面会出现结露风险，因此选用高温冷源时，需要进行必要的防结露验算并设置可靠的防结露措施，相关验算及措施应符合国家现行有关标准的规定。

5.1.8 多联式空调系统因没有空调水系统和冷却水系统，系统简单，管理灵活，运行能效比相对较高，但一次投资较大，大量使用新风相对困难，因此应经技术经济比较后采用。近年来，一些厂家推出了同时制冷、制热的热回收机组，对于全年运行的系统，宜采用带热回收功能的热泵机组。

室内外机组容量配比应符合产品技术要求。冷媒管道管长增加时系统的制冷能力会产生衰减，设计时应考虑管长带来的影响，并根据满负荷性能系数不低于 2.8 进行控制，但最长等效长度不应超过 70 m。

基于室外机的安装位置对机组性能的影响，对室外机的安装位置提出了明确的要求。

5.1.9 经济厚度是综合考虑了能源价格、绝热结构投资和使用寿命等众多因素后最为节约的厚度，防结露是保冷的基本要求，二者均应充分考虑。因此，保冷绝热层厚度是在比较经济厚度和防结露厚度后，依据取用较大值的原则确定的，表 5.1.9-1 中给出了两种常用的性价比较高的保温保冷材料。若采用其他保温保冷材料,其最小厚度应综合确定,详细计算情况可参见国家标准《公共建筑节能设计标准》GB 50189—2015 中附录 D 的规定。

　　为保证管道保冷保温效果,管道和支架之间、管道穿墙、穿楼板等处均应采取防止热桥的措施。保冷材料采用非闭孔材料保温时,外表面应设保护层;采用非闭孔材料保冷时,外表面应设隔汽层和保护层。

5.1.10 为防止厨房、卫生间的污浊空气进入居室,应在厨房和卫生间安装局部机械排风装置;有条件时,可采用有组织全面机械通风系统。对设置集中排风的空调系统,设置热回收装置节能效果相对较好。如果在过渡季或夏季使用机械式通风装置,可有效改善室内热环境,降低空调开启时间与空调能耗,故在条件允许时,鼓励在主要功能房间设置风扇等固定的机械式调风装置。

5.1.11 独立的新风系统目前尚未成为居住建筑的必选项,现阶段采用自然通风就可满足室内通风换气与健康需求。但如果因为各种原因造成建筑自身自然通风无法满足通风换气要求,或因为室外空气品质相对较差影响到人体健康时,应设置新风系统,并配置相应的过滤设施。

5.1.12 新风系统设置时,应根据气候条件、节能要求、建筑设计、户型及用户需求、设备成本及后期运行维护等进行系统选型,设计过程中室外新风宜直接送入卧室、起居室等人员主要活动区。为确保室外新风口所在位置的室外空气洁净、健康,室外新风口水平或垂直方向距燃气热水器排烟口、厨房油烟排放口和卫生间排风口等污染物排放口及空调室外机等热排放设备的距离不应小于 1.5 m。当垂直布置时,新风口应设置在污染物排放口及热排放设备的下方,相关距离不宜小于 1.5 m。为避免新风系统自身的排风口与新风口发生短路,当新风系统自身的新风口与排风口布置在同一高度时,宜设置在不同方向;当相同方向设置时,水平距离不应小于 1.0 m。当新风口与排风口不在同一高度时,新风口宜布置在排风口下方,垂直距离不宜小于

1.0 m。为获得更好的节能效果,当经济合理时,应采用全热回收新风机组。

5.2 供暖、空调和通风系统性能指标

5.2.1 本条在国家标准《建筑节能与可再生能源利用通用规范》GB 55015—2021 第 3.2.5 条和第 3.2.6 条的基础上,结合上海市具体情况进行了规定。

考虑到节能率的提升与设备技术的程度,根据现行国家标准《工业锅炉能效限定值及能效等级》GB 24500 中 2 级能效等级要求,燃气锅炉热效率不应低于 94%。

对于居住建筑,考虑分散式系统具有较高能效,采用户式燃气供暖热水炉是一种较好的技术方案。考虑节能目标的要求,确定采用现行国家标准《家用燃气快速热水器和燃气采暖热水炉能效限定值及能效等级》GB 20665 中 2 级能效等级对应的热效率值的平均值作为户式燃气供暖热水炉热效率的限值要求。

5.2.2 本条在国家标准《建筑节能与可再生能源利用通用规范》GB 55015—2021 第 3.2.9 条的基础上,结合上海市节能要求,对于采用集中供热供冷的居住建筑,其空调设备的性能应满足相对应的相关标准的 2 级能效指标要求。

其中,采用电机驱动压缩机的蒸气压缩循环冷水(热泵)机组时,其机组能效等级应符合现行国家标准《热泵和冷水机组能效限定值及能效等级》GB 19577 中的 2 级能效等级要求;采用电机驱动压缩机的单元式空调(热泵)机组时,其机组能效等级应符合现行国家标准《单元式空气调节机能效限定值及能效等级》GB 19576 中的 2 级能效等级要求;采用风管送风式空调(热泵)机组时,其机组能效等级应符合现行国家标准《风管送风式空调机组能效限定值及能效等级》GB 37479 的 2 级能效等级要求;采用的房间空调器应符合现行国家标准《房间空气调节器能效限定值及

能效等级》GB 21455 的 2 级能效等级要求；采用多联式空调（热泵）机组时，其机组能效等级应符合现行国家标准《多联式空调（热泵）机组能效限定值及能效等级》GB 21454 中的 2 级能效等级要求。

5.2.3 净化能效是通风器的主要节能指标，是指单位耗功率所能提供的洁净空气量。与单向流通风器的新风净化能效相比，双向流通风器由于增加了一个风机的功率，其净化能效会受一定影响。本条规定通风器对 $PM_{2.5}$ 的净化能效限值应满足行业标准《住宅新风系统技术标准》JGJ/T 440—2018 第 5.2.6 条净化能效等级的节能级要求。

其中，通风器对 $PM_{2.5}$ 的净化能效按下式计算：

$$\eta_E = \frac{Q_v \times E_{v2.5}}{W}$$

式中：η_E——通风器对 $PM_{2.5}$ 的净化能效[$m^3/(h \cdot W)$]；

Q_v——通风器的风量（m^3/h）；

$E_{v2.5}$——通风器的 $PM_{2.5}$ 一次通过净化效率（%）；

W——通风器额定功率（W）。

通风器风量可按国家标准《通风系统用空气净化装置》GB/T 34012—2017 第 7.4 节规定的方法进行测试，通风器 $PM_{2.5}$ 一次通过净化效率可按《通风系统用空气净化装置》GB/T 34012—2017 第 7.2 节规定的方法进行测试，通风器额定功率可按《通风系统用空气净化装置》GB/T 34012—2017 第 7.6 节规定的方法进行测试。

5.2.4 由于雾霾天的存在以及人们对健康的重视，越来越多的住宅建筑开始安装户式新风系统，造成通风能耗占比逐渐提高。为合理用能，根据现行国家标准《近零能耗建筑技术标准》GB/T 51350 的规定，明确户式热回收新风机组单位风量耗功率（功率与风量的比值）不应大于 0.45 $W/(m^3/h)$。

为实现有效节能，根据现行国家标准《热回收新风机组》

GB/T 21087 对集中式新风热回收机组的交换效率进行了明确。同时,对比新风系统冷热处理方式,如果热回收机组能效系数高于空调机组性能系数,则采用热回收机组具有一定的节能量,而如果热回收机组能效系数低于空调机组性能系数,则直接采用空调机组进行新风的冷热处理相对更加节能。因此,为提供健康的室内环境并实现更好的节能,明确集中式新风热回收机组额定能效系数不应低于空调机组额定性能系数。

5.2.5 直流无刷风机盘管由于具有节能、无级调速、噪声低、寿命长等优点,在项目中应用越来越多。直流无刷风机盘管采用永磁铁作为磁芯,电机效率可达 70% 以上,与传统风机盘管相比,同样送风条件下,直流无刷风机盘管平均节电率 40% 以上。直流无刷风机盘管采用电子换向代替机械换向方式——碳刷换向,有效避免了机械换向中产生的电磁干扰及噪声。

5.2.6 根据能耗统计结果,采用集中供暖空调系统的居住建筑年平均能耗明显高于采用分散式空调系统所对应的能耗,主要原因在于其输配能耗。为降低集中供暖空调系统能耗,明确其系统循环水泵耗电输冷(热)比和风道系统单位风量耗功率的限值要求。

循环水泵耗电输冷(热)比的计算应符合上海市工程建设规范《公共建筑节能设计标准》DGJ 08—107—2015 第 4.4.7 条的规定,风道系统单位风量耗功率的计算应符合上述标准第 4.3.8 条的规定。

6 建筑电气节能设计

6.1 照明节能设计

6.1.1 在光源选择时,首先应满足功能需求,然后通过全寿命期综合技术经济分析比较,选择高效、长寿命、维护费用低等的光源。灯具及镇流器的效率或效能应满足现行国家标准《建筑照明设计标准》GB/T 50034 的相关规定。

现行国家标准《灯和灯系统的光生物安全性》GB/T 20145 规定了照明产品光生物安全指标和测试方法。无危害类(RG0)是指在极限条件下也不造成任何光生物危害,具体应同时满足以下条件:在 8 h 曝辐中不造成光化学紫外危害;在 1 000 s 内不造成近紫外危害;在 10 000 s 内不造成对视网膜蓝光危害;在 10 s 内不造成对视网膜热危害;在 1 000 s 内不造成对眼睛的红外辐射危害。低危险性(RG1)是指在对曝光正常条件下不产生危害的灯具,其应同时满足以下条件:在 10 000 s 内不造成光化学紫外危害;在 300 s 内不造成近紫外危害;在 100 s 内不造成视网膜蓝光危害;在 10 s 内不造成视网膜热危害;在 100 s 内不造成对眼睛的红外辐射危害。为保证居住建筑的光环境健康舒适,明确室内灯具生物危害风险组别应为 RG0 或 RG1。

6.1.2 谐波电流是将非正弦周期性电流函数按傅立叶级数展开时,其频率为原周期电流频率整数倍的各正弦分量的统称。频率等于原周期电流频率 K 倍的谐波电流称为 K 次谐波电流,K 大于 1 的各谐波电流也统称为高次谐波电流。谐波电流是对公用电网的一种污染,会使用电设备所处的环境恶化,也对周围用电设备产生影响。因此,现行国家标准《电磁兼容 限值 第 1 部分:

谐波电流发射限值(设备每相输入电流≤16 A)》GB 17625.1 对 25 W 以上的灯具谐波进行了规定,而对于 5 W~25 W 的灯具,则参考国际标准 IEC 61000-3-2:2020 直接给出限值要求。

6.1.3 本条在国家标准《建筑节能与可再生能源利用通用规范》 GB 55015—2021 第 3.3.7 条基础上,参照现行国家标准《建筑照明设计标准》GB/T 50034 的相关数值,结合照明产品和技术的发展趋势,明确了居住建筑各功能区的照度及对应的照明功率密度要求。由于灯具利用系数与房间的室形指数密切相关,不同室形指数的房间,满足 LPD 要求的难易度不同,因此当房间或场所室形指数值≤1 时,允许其照明功率密度限值增加,但不得超过限值的 20%。

6.1.4 选择较高功率因数的 LED 灯对于系统节能是十分必要的,因此分两档明确 LED 灯的功率因数限值要求。

6.1.5 为节约能源、杜绝浪费,明确提出应对照明进行需求节能控制。照明节能控制措施有很多,对于有天然采光的场所,其人工照明控制应独立于其他区域,以便于根据天然采光程度实施有效照明控制。考虑到控制成本和操作可行性,有天然采光的场所应根据采光状况进行分组、分区控制,可增加定时、感应等控制措施。人员非长期停留的走廊、楼梯间区域照明,采用就地感应控制方式可实现有效节能。出于安全考虑,无障碍坡道应设置专用照明,其控制开关宜采用光敏元件自动控制或纳入居住小区室外总体照明控制系统,实现有效节能。

6.2 供配电及设备节能设计

6.2.1 近年来,太阳能光伏发电成本快速下降,目前已进入平价上网阶段。随着光伏组件效率的进一步提高,以及节能减排力度的不断加大,太阳能利用将成为居住建筑的主要节能手段。与太阳能光热利用相比,光伏利用更便捷,维护也更容易,因此在条件允许时,鼓励优先采用太阳能光伏系统。为保证建筑的美观与品质,太阳能光伏组件及系统应与建筑进行一体化设计与施工。

6.2.2 为降低输配电损耗,变电所应靠近负荷中心和大功率用电设备。

6.2.3 变压器采用 Dyn11 结线组别有利于抑制高次谐波电流,有利于单相接地短路故障的切除,可充分利用变压器的设备能力。因此,应选用低损耗型、Dyn11 结线组别的变压器。

现行国家标准《电力变压器能效限定值及能效等级》GB 20052 规定了变压器能效等级为 3 级,其中 1 级能效最高,3 级能效最低。根据节能产品能效限定值要求,变压器能效值不应低于 2 级能效等级要求,鼓励采用 1 级能效等级的变压器。

6.2.4 无功功率补偿应根据电力负荷性质采用适当的方式和容量,实施分散就地补偿与变电站集中补偿相结合、电网补偿与用户补偿相结合,在变压器低压侧设置集中无功补偿装置。无功补偿装置不应引起谐波放大,不应向电网反送无功电力,满足电网安全和经济运行需要。居住建筑基本上都采用低压供电,考虑到设置相关补偿装置有难度,提出 220 V/380 V 供电的电力用户进线侧功率因素不宜低于 0.85。

6.2.5 我国的能效等级一般分为 3 级,其中 3 级能效最低,1 级能效最高,2 级及以上被认定为节能产品。目前我国家用电器已发布能效等级的国家标准有:《家用电冰箱耗电量限定值及能效等级》GB 12021.2、《电动洗衣机能效水效限定值及等级》GB 12021.4、《电饭锅能效限定值及能效等级》GB 12021.6、《家用电磁灶能效限定值及能效等级》GB 21456、《储水式电热水器能效限定值及能效等级》GB 21519、《家用和类似用途微波炉能效限定值及能效等级》GB 24849、《平板电视与机顶盒能效限定值及能效等级》GB 24850。

6.2.6 电梯也是建筑能耗的主要构成部分,对于居住建筑,电梯能耗占建筑总能耗的比例为 3%~8%。因此,除应采用节能电梯外,还应考虑实施节能控制。

采用变频调速拖动方式,可有效降低电梯运行能耗,若安装能量回馈装置,可进一步减少电梯用电需求。采用群控措施,可最大限度减少电梯等候时间,减少电梯运行次数。当电梯轿厢内一段时间内无预置指令时,电梯应具备自动转为节能运行方式的功能,如关闭部分轿厢照明等。

6.2.7 对于采用可再生能源的建筑,应单独进行计量,以便于统计分析与评价。计量装置的精度等级应符合相关标准的规定。

7 建筑给水节能设计

7.1 给水系统设计

7.1.1 建筑给水设计时,应贯彻减量化、再利用、再循环的原则,综合利用各种水资源,实现合理利用水资源,避免水资源的损失和浪费。

7.1.2 住宅居民生活用水量根据本市前几年城镇新建商品住宅设计采用的用水量情况确定。

7.1.3 市政给水管网一般都有一定的供水压力,应尽可能利用。给水系统设计时,一层及一层以下可充分利用市政管网供水压力直接供水;一层以上直接供水范围应根据市政给水管网供水压力通过计算确定。当市政给水管网水压、水量不足时,应设置贮水调节和加压装置,以保证用水的卫生安全、经济节能、稳定可靠。

根据上海市工程建设规范《住宅设计标准》DGJ 08—20 第10.0.5 条的规定,每户水表前的给水压力应经水力计算,套内用水点压力不应大于 0.20 MPa,且不应小于用水器具的最低工作压力,每户水表前的静水压力不应小于 0.10 MPa。

考虑到本标准适用范围为住宅和宿舍,因此对于用水点供水压力明确为不宜大于 0.20 MPa,但对于住宅建筑,执行应不大于 0.20 MPa 的要求。

7.1.4 生活给水的加压泵是长期不停地工作的,水泵产品的效率对节约能源、降低运行费用起着关键作用。因此,在选泵时应选择效率高的泵型,且管网特性曲线所要求的水泵工作点应位于水泵效率曲线的高效区内。

合理选择通过节能认证的水泵产品,有利于减少能耗。现行国家标准《清水离心泵能效限定值及节能评价值》GB 19762 中明确泵节能评价值是指在标准规定测试条件下,满足节能认证要求应达到的泵规定点最低效率。设计选用清水离心泵必须满足泵目标能效限定值要求。

7.1.5 随着节能节水的日益重视,冷水机组的冷凝热宜通过热泵等热回收装置尽可能加以利用。冷却塔的位置除考虑通风换热外,还应考虑其运行的噪声和飘水对建筑的影响。

7.1.6 当循环水泵并联台数超过 3 台时,依靠台数调节的潜力已不明显。当台数大于 3 台时,应采用流量均衡技术措施,在每台冷冻机组冷却水进水管上设置流量平衡阀,冷却水泵与冷冻机组一一对应,每台冷却水泵的出水管单独与每台冷冻机组的冷却水进水管相连接。

7.1.7 采用节水器具是节水的一项有效措施,鼓励采用更高节水性能的节水器具。目前我国已对大部分用水器具的用水效率制定了标准,如现行国家标准《水嘴水效限定值及水效等级》GB 25501、《坐便器水效限定值及水效等级》GB 25502、《淋浴器水效限定值及水效等级》GB 28378、《便器冲洗阀水效限定值及水效等级》GB 28379、《蹲便器水效限定值及水效等级》GB 30717 等,设计时应注意选用。

7.1.8 独立设置水表计量是统计建筑各类给水用水量的主要手段,包括生活给水、生活热水、雨水、绿化灌溉、车库冲洗、冷却塔补水等,通过水表计量,可确定建筑各类用水水平,分析用水的合理性,杜绝"跑、滴、漏"等现象发生。

7.2 热水系统设计

7.2.1 集中热水供应系统的热源应首先利用余热、废热。生活热水要求每天稳定供应,这就要求余热、废热应供应稳定可靠。如果不稳定、不可靠,势必需要两套系统进行水加热,经济上不合算,系统控制也相对复杂,运行管理难度大,节能效果也不一定能达到预期。地热作为有价值的资源,有条件时应优先考虑,但由于地热水生成条件不同,其水温、水质、水量、水压等差别很大,使用时应采用有效措施进行处理。

上海属于太阳能资源可利用区,由于太阳能资源一般且不稳定,因此设计时应以太阳能热水系统为主。对于辅助热源,考虑到经济性因素,可采用空气源热泵,也可采用直膨式太阳能热泵热水系统制备热水。从降碳和环境质量治理角度出发,不鼓励采用燃气锅炉作为集中热水系统的直接热源或辅助热源。

热源的选择有助于从源头上节能降耗,用常规能源制备蒸汽再进行换热制备生活热水,是高品位能源低级利用,应该杜绝。同样,采用电直接加热也是高品位能源低级利用的一种形式,且从能效角度分析也不节能。

7.2.2 热水系统的耗热量、热水量的计算直接影响加热设备供热量的计算,应认真计算,合理选型。国家标准《建筑给水排水设计标准》GB 50015—2019 中第 6.4 节对耗热量、热水量和加热设备供热量的计算进行了详细的规定,可供设计时使用。

7.2.3 为提高太阳能热水系统运行的稳定性与可靠性,最大限度发挥太阳能的贡献,上海地区的太阳能热水系统适宜选择集中集热、分散供热或分散集热、分散供热的方式。考虑到节能收益、管理要求以及收费等问题,太阳能集热系统宜分栋设置。系统采用直接式还是间接式,应根据水质要求、换热条件以及经济性等综合确定。

根据国家标准《建筑给水排水设计标准》GB 50015—2019 中第 6.6.3 条的规定,集中集热、集中供热太阳能热水系统平均日耗热量计算时应考虑同日使用率的影响,住宅建筑一般取值为 0.5~0.9,宿舍一般取值为 0.7~1.0。

太阳能集热系统集热器总面积直接影响系统的用能效率,其面积计算应根据现行上海市工程建设规范《太阳能热水系统应用技术规程》DG/TJ 08—2004A 的规定进行。集热系统热损失应根据集热器类型、管路长度、水箱大小、系统保温等因素综合确定,设计完成后应进行校核计算。为保证系统运行的正常与稳定,防止出现安全风险,太阳能集热系统设计时应充分考虑使用过程中可能出现的过热、暴晒、冰冻、倒热循环及雷击等安全风险。

7.2.4 适当降低水加热设备的出水温度,有利于降低系统热损失能耗,延长系统使用寿命。但应加强热水系统的消毒灭菌措施,保证热水水质。

7.2.5 安装热媒或热媒计量表以便控制热媒或热源的消耗,落实到节约用能。

7.3 热水设备性能指标

7.3.1 根据现行国家标准《工业锅炉能效限定值及能效等级》GB 24500 中 2 级能效等级要求,燃气锅炉热效率不应低于 94%。户式燃气热水炉采用现行国家标准《家用燃气快速热水器和燃气采暖热水炉能效限定值及能效等级》GB 20665 中 2 级能效等级对应的热效率值的平均值作为户式燃气热水炉热效率的限值要求。

7.3.2 本条在国家标准《建筑节能与可再生能源利用通用规范》GB 55015—2021 第 3.4.3 条的基础上进行了规定。现行国家标准《热泵热水机(器)能效限定值及能效等级》GB 29541 将热泵热水机能源效率分为 5 级,1 级能源效率最高,5 级最低,2 级表示达到节能认证的最小值。为达到节能要求,本标准采用能效等级中的2 级作为设计和选用热泵热水机组的依据。

7.3.3 本条与国家标准《建筑节能与可再生能源利用通用规范》GB 55015—2021 第 3.4.2 条规定一致。现行国家标准《储水式电热水器能效限定值及能效等级》GB 21519 将电热水器能效等级分为5 级,1 级能源效率最高,5 级最低,2 级表示达到节能认证最小值。

7.3.4 为降低热水系统及管网的热损失,应对热水系统相关设备、水箱及管网进行保温处理。热水供、回水管、热媒水管常用岩棉、超细玻璃棉、硬聚氨酯、橡塑泡棉等材料,其保温层厚度一般为 25 mm~40 mm。水加热器、热水分集水器、开水器等设备采用岩棉制品、硬聚氨酯发泡塑料等保温时,保温层厚度可取 35 mm,具体厚度应根据项目自身需求经技术经济分析后确定。

附录 A 建筑年供暖供冷耗电量指标和碳排放量指标计算相关规定

A. 0. 1 对居住建筑年供暖供冷耗电量指标计算的软件进行了规定,要求采用行业标准规定的典型气象年数据,并具备动态负荷计算、考虑围护结构蓄热及热桥影响,可输出相关计算报告。

A. 0. 2 修订了上海市居住建筑年供暖供冷耗电量计算采用的供暖期和供冷期,根据气象数据 HDD18 和 CDD26 统计结果,如果供暖期为 12 月 1 日至 2 月 28 日,其 HDD18 与全年数值之比仅为 0.66,而如果延长至 3 月 31 日,则相应比值达到 0.85,因此标准编制时将供暖期确定为 12 月 1 日至 3 月 31 日。同样原因,供冷期为 6 月 15 日至 8 月 30 日时,CDD26 比值为 0.94,而如果延长至 9 月 30 日时比值可达到 0.99,因此供冷期确定为 6 月 15 日至 9 月 30 日。

A. 0. 3 规定了上海市居住建筑年供暖供冷耗电量指标计算所需的相关参数。

A. 0. 4 规定了居住建筑年供暖供冷耗电量指标计算公式及相关数据取值。

附录 B　建筑外窗传热系数计算

B.0.1　给出了居住建筑外窗传热系数计算公式。外窗传热系数不仅与玻璃传热系数与面积、窗框传热系数与面积相关，还与窗框与玻璃之间的长度相关，其引起的传热采用线传热系数进行表征。而由于考虑了线传热系数的影响，对于相同规格的外窗，采用此式计算确定外窗传热系数要高于 2015 年版标准的计算值，也更符合实际情况。

B.0.2　给出了窗框与玻璃结合处线传热系数的相关数值，供节能设计时估算整窗传热系数用。

附录 C 建筑外窗太阳得热系数计算

C.0.1 给出了建筑外窗自身太阳得热系数计算公式,其由透光部分、非透光部分、窗框系数及相关面积构成,全面反映外窗自身太阳得热情况。

C.0.2 给出了采用外遮阳的建筑外窗太阳得热系数计算公式。

附录 D 外遮阳系数的简化计算

D.0.1~D.0.3 明确了居住建筑外窗外遮阳系数的简化计算方法。不同组合型式的外遮阳系数,可由各型式遮阳的外遮阳系数的乘积近似确定,具体数值与外遮阳的尺寸和材料的透射比相关。

附录 E 建筑材料热物理性能计算参数

E.0.1~E.0.3 常用建筑材料热物理性能计算参数基本引用现行国家标准《民用建筑热工设计规范》GB 50176 及相关其他资料,便于设计选用。

附录 F 建筑常用保温材料热工计算修正系数

  根据上海气象条件，参考现行国家标准《民用建筑热工设计规范》GB 50176 和相关地方技术规范，结合使用部位，给出保温材料导热系数及用于热工计算的修正系数。

  其中，在 2015 年版标准的基础上，结合国家标准《民用建筑热工设计规范》GB 50176—2016 中材料修正系数因素变化，对模塑聚苯乙烯泡沫塑料（EPS）、挤塑聚苯乙烯泡沫塑料（XPS）、硬泡聚氨酯（PU）和岩棉板四类保温材料的修正系数进行了调整。